Peter Hertweck
Simone Rappel

Bewusstseinsökonomie

W0073863

Peter Hertweck
Simone Rappel

Bewusstseinsökonomie

Warum die Zukunft
andere Unternehmer braucht

HERDER
FREIBURG · BASEL · WIEN

Satz: ZeroSoft, Timişoara
Herstellung: GGP Media GmbH, Pößneck
Printed in Germany

ISBN Print: 978-3-451-39318-1
ISBN E-Book (E-PUB): 978-3-451-84981-7

Inhalt

Einführung

von Prof. Dr. Dr. Franz Josef Radermacher

Die momentane internationale Entwicklung ist vor dem Hintergrund zweier großer Problembereiche zu sehen: einerseits die rasch wachsende Weltbevölkerung, der zunehmende Konflikt um Ressourcen und die Problematik immer größerer Umweltbelastungen, z. B. im Klimabereich, andererseits die weltweiten Krisensymptome in der Wirtschaft, die unter anderem aus der Weltfinanzkrise resultieren. Die großen Fragen der weltweiten Energie- und Klimakrise, die Erwartungen von Milliarden Menschen an nachholenden Wohlstandsaufbau, die fehlenden Fortschritte bei den Nachhaltigkeitszielen (Sustainable Development Goals, SDGs) und der aktuelle Ukrainekonflikt sind vor diesem Hintergrund zu sehen. Die Frage einer nachhaltigen Entwicklung wird durch all diese Entwicklungen massiv erschwert. Das betrifft sowohl die ökologische Problematik als auch Fragen des sozialen Ausgleichs und der Gerechtigkeit und damit der weltethischen Orientierung vor dem Hintergrund weltkultureller Fragen, und zwar in einer intragenerationellen wie einer intergenerationellen Betrachtung.

In einer bestimmten systemtheoretischen Perspektive resultieren aus den aktuellen Trends für die Zukunft drei Attraktoren zukünftiger Entwicklung, nämlich Kollaps, Brasilianisierung bzw. eine weltweite Ökosoziale Marktwirtschaft/green and inclusive economy. Nur der letzte Weg, der wesentlich auf massiven Innovationen im Bereich der Technik wie im Bereich der Global Governance beruht, ist mit Nachhaltigkeit kompatibel. Die größten praktischen Probleme liegen dabei im Bereich der Global Governance, also im Bereich supranationaler Regulierung. Hier liegen die zentralen Herausforderungen, aber auch die entscheidenden Blockaden für die Gestaltung einer nachhaltigen Zukunft.

Man versteht die aktuelle Situation der Menschheit wohl am besten als diejenige eines Superorganismus, der als Akteure neben zukünftig zehn Milliarden Menschen auch immer mehr eigenständig handelnde technische Komponenten umfasst – ein intelligentes hybrides Mensch-Technik-System. Die Bedeutung intelligenter technischer Akteure nimmt dabei permanent zu. Schon seit einigen Jahren tauschen IT-Systeme mehr Informationen über das Internet untereinander aus, als es über dieses Medium Kommunikation zwischen Menschen gibt. Für 2030 werden im Internet der Dinge mehr als 25 Milliarden technische Akteure erwartet.

Ist das alles positiv für die Zukunft der Menschheit? Führt das in Richtung einer weltweiten Balance und Nachhaltigkeit, basierend auf einer engen Kooperation zwischen zehn Milliarden Menschen? Das ist alles andere als sicher. Wir können, wie oben erwähnt, auch in einer Welt-Zwei-Klassen-Gesellschaft oder in einem ökologischen Kollaps enden. Wohin die Reise führt, ist eine Frage globaler, politischer Koordination und damit auch eine Frage bezüglich unserer Fähigkeit zur weltweiten Zusammenarbeit. Letztlich geht es darum, ob wir eine globale Empathie entwickeln können – ein Anliegen des Club of Rome seit vielen Jahren. Sehen wir uns weltweit in einem Boot, oder sitzen wir in verschiedenen Booten? Sitzt der reiche Teil in einem Luxusschiff, der andere auf dem Floß der Medusa?

Das vorliegende Buch setzt sich mit diesen Themen auseinander. Es sieht den Menschen als entscheidenden Akteur. Seine Talente sollen in Wechselwirkung mit den Bedürfnissen der Welt der Gamechanger sein. Ein wichtiges Stichwort ist dabei aus Sicht des Autors die Bewusstseinsökonomie. In manchem mag das Buch optimistisch, illusionär erscheinen, aber wichtig ist der Versuch. Wenn niemand mehr eine Chance sieht, dann haben wir auch keine. Darum ist es wichtig, dass Autoren wie Peter Hertweck und Simone Rappel uns Mut machen und mit neuen Überlegungen

Ansporn geben. Ich wünsche deshalb den Autoren und ihrem Buch viele Leser und diesen Lesern neue Impulse auf dem Weg in eine offene Zukunft – Navigieren in schwierigem Gelände!

Ulm, im Juli 2023
F. J. Radermacher

Eine wirklich gute Idee erkennt man daran, dass ihre Ver-
wirklichung von vornherein ausgeschlossen erscheint.

Albert Einstein

Vorwort

Warum dieses Buch?

Diese Frage habe ich mir gestellt, bevor ich begonnen habe zu schreiben, und sie ist mir wiederholt auch im Schreibprozess aufgekommen. Diese Frage wurde mir von Freunden gestellt und vielleicht ist es auch die Frage, die Sie sich gerade stellen: Warum dieses Buch?

Bücher zu schreiben, nimmt Zeit in Anspruch. Diese wertvolle Ressource einzusetzen, hatte für mich gute Gründe, Gründe, die eigentlich auf der Hand liegen, durch die Coronakrise und die sich daraus ergebenen Folgen für unsere Gegenwart und Zukunft jedoch noch deutlicher zutage getreten sind. Haben wir uns schon einmal die Frage gestellt, was uns alles bewusst ist? Und ist uns durch diese Frage klar geworden, was uns alles umgibt, beeinflusst und unser Leben bestimmt oder ausmacht? Und ist uns dann auch aufgegangen, welche Kraft darin steckt, welche Kraft unser Bewusstsein ausmacht und welche Konsequenzen das für unser konkretes Leben hat?

Je weiter unser Bewusstsein entwickelt ist, umso leichter fällt es uns, unsere (Lebens-)Ziele zu erreichen, weil wir ein tieferes Verständnis für die Zusammenhänge im Leben besitzen. Unsere Gesellschaft ist an Grenzen gelangt, die sehr klar zum Ausdruck bringen: So wie bisher geht es nicht mehr weiter. Gleiches trifft auf unsere wirtschaftliche Situation zu, die eng an die gesellschaftlichen Verhältnisse gebunden ist. Auch hier haben sich derartige Schwachstellen aufgetan, die nach neuen Lösungen rufen. Um in diesen Dilemmata konstruktive Antworten auf die wichtigen Fragen unseres Daseins zu geben, um uns Menschen Richtung, Orientierung und (neue) Hoffnung zu geben, die aus der Krise herausführen in eine neue Welt, die am Wohl des Menschen ansetzt – darum dieses Buch. Wir haben, vorausgesetzt wir erkennen die Zeichen unserer Zeit, eine wunderbare Zukunft vor uns.

Und ich möchte den Menschen und der Gesellschaft etwas weiter- beziehungsweise auch zurückgeben aus meinem sehr weitläufigen und tiefgründigen Erfahrungsschatz, den ich beruflich und zusätzlich im Ehrenamt erworben habe. Ich habe eine ehrenamtliche Ausbildung in der Seelsorge absolviert und dort auch sieben Jahre lang ehrenamtlich gearbeitet. Zusammen mit der Aus- und stetigen Weiterbildung sowie den Supervisionssitzungen war das eine der erkenntnisreichsten Zeiten in meinem Leben. Wir hatten dort Menschen mit unterschiedlichsten Problemfeldern, zum Beispiel mit finanziellen Problemen, Miet- oder Partnerproblemen, Mobbing am Arbeitsplatz bis hin zu akuter Suizidgefährdung. Sehr prägend für mich war die Erfahrung, dass ich dort innerhalb von kurzer Zeit mit Menschen in die Tiefe gegangen bin, wie ich das sonst noch nie erlebt habe. Das war das eigentliche „Mehr" und ein Gegenwert für mich – ich, der anderen Menschen in akuten Krisensituationen Unterstützung geben konnte, wurde durch diese Begegnungen, Gespräche, die Offenheit, mit der auch mir gegenübergetreten wurde, vielfältig selbst beschenkt.

Wir haben in dieser ehrenamtlichen Tätigkeit nach dem patientenzentrierten Ansatz nach Carl Rogers gearbeitet. Rogers geht davon aus, dass die Antwort in den Menschen eigentlich schon vorhanden ist und daher nur durch geschickte Fragestellung herausgefunden werden muss. Das funktioniert bis zu einem bestimmten Punkt, doch dann ist es wichtig, möglichst viel Offenheit im Denken, eine solide Bildung und auch Lebenserfahrung mitzubringen und in den Prozess einfließen zu lassen. Ich habe den Menschen immer zuerst zugehört und dann Fragen gestellt, um wirklich zu verstehen, worum es geht und wo mögliche Lösungen liegen können. Nun funktioniert dies auf rationaler Ebene bis zu einem bestimmten Punkt gut. Aber nur mit Ratio, ohne die Emotio ist der Erkenntnisprozess stark eingeschränkt. Für einen ganzheitlichen und wirklich tragenden Lösungsansatz wird auch der emotionale

Part benötigt, spätestens wenn es gilt, emotionale Hürden beziehungsweise große Enttäuschungen zu überwinden.

Oft habe ich als Christ gefragt, was die Menschen vom Glauben oder vom Gebet halten. Sehr häufig wurde das dann mit Kirche und Enttäuschung verbunden und abgelehnt. Wenn ich aber nachgefasst hatte, ob sie sich vorstellen können, dass es etwas gibt, was größer ist als wir Menschen, entstand eine fast intime Gesprächsatmosphäre, geprägt von vertraulicher Tiefe und Verständnis – eine Seelenlabung für beide Gesprächsseiten. Und am Ende haben sich die mit Rat versehenen Menschen bedankt und ich durfte ihnen rückmelden, dass sie selbst die Initiatoren waren und mich durch ihre Sehnsucht, durch ihr Gebet in ihre Welt gezogen haben. Das war Fügung. Und aus diesem Bewusstsein heraus zu agieren, schafft Wertschätzung und Vertrauen und hilft, dass wir Menschen uns öffnen. Dann können wir sämtliche Problemfelder erfolgreich und nachhaltig bearbeiten und Lösungen entwickeln.

Hierbei klingt bereits etwas an, was in den sonstigen Kontexten wohl eher weniger einbezogen wird. „Probleme kann man niemals mit derselben Denkweise lösen, durch die sie entstanden sind." Diese Worte Albert Einsteins sind ein wichtiger Impuls und Türöffner für Problemlösungen in unserer Gesellschaft. Sie rufen uns dazu auf, uns vom alten Denken zu lösen und in eine neue Denkkultur einzutauchen, ein Denken, das wertschätzend und nicht gleich beurteilend ist, offen – auch technologieoffen – und eine Kultur des Miteinanders entstehen lässt, in der sich jeder als Mitgestalter des gesellschaftlichen Wandels einbringen kann. Um den nötigen Wandel zu gestalten, benötigen wir die Bereitschaft der Wirtschaft und der Gesellschaft gleichermaßen. Wir brauchen das, was ich Bewusstseinsökonomie nenne. Ein Wirtschaftssystem, das fest verankert ist in der Gesellschaft und deren Bedürfnissen, die ökonomischen Erfolg durch Wertschätzung und Sinnstiftung erlangt.

Ich möchte Sie, liebe Leser, mit diesem Buch in einen Reflexions- und Bewusstseinsprozess führen. Aus diesem Prozess heraus möchte ich Ihnen Anleitung für zukunftsfähige Geschäftsmodelle geben, bei denen der Mensch authentisch im Mittelpunkt steht. Ziel allen Handels beziehungsweise Wirtschaftens muss immer eine ganzheitliche Sicht sein, das heißt, es geht um Lebensqualität, Lebensglück, was auch materiellen Erfolg impliziert. Dabei entstehen neue Wertschöpfungsketten, die das Miteinander stärken und dem Gesamtwohl dienen.

Dieses Buch bietet die Anleitung, die neue Basistechnologie zu erkennen, aufzugreifen und in das eigene Geschäftsfeld, Unternehmertum oder die eigene Tätigkeit zu integrieren.

Was erwartet Sie auf den folgenden Seiten?

Das erste Kapitel beginnt mit der Zielsetzung, die Ausgang für sämtliche Überlegungen ist. Anhand von ausgewählten Beispielen wird aufgezeigt, dass sich eine gute Unternehmerpersönlichkeit[1] dadurch auszeichnet, dass sie eine klare Vision, ein Ziel vor Augen hat und dieses gegen alle Widerstände auf dem Weg dorthin verfolgt. Damit das gelingt, muss sie vorab in eine ganzheitliche Analyse investieren, ausgehend von den (beruflichen) Wurzeln, Stärken und Kompetenzen den Weg finden und begehen. So wird sie zum aktiven Gestalter unserer Zukunft.

Das zweite Kapitel nimmt uns Menschen sowohl aus der persönlichen als auch aus der sozialen Perspektive direkt in den Blick. Was macht uns glücklich? Was brauchen wir für ein erfülltes, gelingendes Leben? Hier werden Erkenntnisse der Glücksforschung einbezogen, die die wesentlichen Merkmale glücklicher Menschen recherchiert hat.

Das dritte Kapitel widmet sich den Rahmenbedingungen, die für ein gelingendes Leben – persönlich und gesellschaftlich – dienlich sind. Welche gesellschaftliche Grundlage benötigen wir, damit wir uns als Menschen, Unternehmer beziehungsweise Unternehmerinnen entfalten können?

Im vierten Kapitel schauen wir auf die Zukunft. Welche Megawachstumsmärkte werden uns in der Zukunft beschäftigen?

Ausgehend von der Theorie der Kondratieffzyklen zeige ich die Grundlage meiner Überlegungen auf und erläutere die künftige Entwicklung, wie wir sie nutzen und sie zum Wohl des Menschen ausfüllen können.

Mit den Folgen dieses Handels beschäftigt sich das fünfte Kapitel. Es entstehen neue Wertschöpfungsstrukturen und -ketten, die ein verändertes Miteinander, aber auch einen neuen Grad an Bewusstheit schaffen. Anhand von Beispielen wird diese neue Wertschöpfung erläutert und ihr Wert für unsere Gesellschaft und Wirtschaft herausgestellt. Dabei wird deutlich, dass eine positive Unternehmenskultur einen entscheidenden Anteil am ökonomischen Erfolg hat.

Kapitel sechs erläutert, inwieweit die Unternehmenskultur zum ökonomischen Erfolg beiträgt. Im siebten Kapitel wird die Bewusstseinsökonomie als Kernstück der Kultur des Miteinanders auf allen Ebenen des Lebens erläutert, die quasi als finales Produkt aus diesem Prozess entsteht und auch schon in Phasen erkennbar ist.

Wie man Veränderungen in der Wirtschaft konkret und einfach mit einer bunten Kultur an Werten gestalten kann, erläutert das achte Kapitel, das meine Co-Autorin Prof. Dr. Simone Rappel geschrieben hat.

Das abschließende neunte Kapitel beschäftigt sich mit der Umsetzung der Bewusstseinsökonomie, damit sie sich auf alle unsere Lebensbereiche ausdehnen kann, mit den dazu nötigen Rahmenbedingungen und notwendigen Grundlagen im Prozess der weiteren Realisierung. Ein gesellschaftlicher Wandel wird eingeläutet, der uns Menschen hilft, in eine tiefere Bewusstseinsebene vorzudringen, durch die wir einen höheren Bewusstseinszustand erreichen, der uns als Teil des Ganzen erkennen lässt und zu einer tieferen Verbindung mit uns selbst und der Gesellschaft führt. Uns wird ein unbegrenztes Potenzial an zukunftsweisenden Möglichkeiten vor Augen geführt, Parameter zur Lösung unserer gesellschaftlichen und wirtschaftlichen Problem- und Entwicklungsfelder.

Kapitel 1
Unternehmer gestalten die Zukunft

Als Unternehmer – egal, ob Frau oder Mann – kann man nicht nur mit dem Blick auf die Vergangenheit leben, auch wenn diese einen wichtigen Baustein im Ensemble der Aspekte, die es zu berücksichtigen gilt, einnimmt. Es reicht auch nicht, nur im Hier und Jetzt zu verweilen. Gute Unternehmer – und hier sind selbstverständlich auch die weiblichen involviert – müssen immer auch in die Zukunft blicken. Und sie müssen den Wunsch haben, Zukunft mitzugestalten. Einerseits braucht es dafür ein intrinsisches Verlangen, etwas gestalten, ausfüllen zu wollen. Andererseits ist es die Verantwortung für die Mitarbeiter, die diese Unternehmer treibt, ihr Geschäft zukunftssicher zu führen. Und dass das gelingt, hängt maßgeblich von den führenden Köpfen des Unternehmens ab. Erfolgreiche Unternehmen leben von starken Führungskräften, von Menschen, die über Know-how genauso verfügen wie über Charisma; Menschen, die durch ihr Vorbild führen und in der Lage sind, ihre Mitarbeiter zu motivieren und zu mobilisieren.

Derartige Unternehmerpersönlichkeiten sind sehr häufig bei den sogenannten Unternehmerpionieren zu finden. Diese werden laut Gablers Wirtschaftslexikon als dynamische Unternehmer verstanden, die sich durch besondere Kreativität, Durchsetzungsfähigkeit und Eigeninitiative auszeichnen und wichtige Träger des Innovations- und Wachstumsprozesses in der Wirtschaft sind. Sie besitzen die Fähigkeit, Neues – zum Beispiel in Bezug auf den Markt, Produkte oder Dienstleistungen oder auch die Organisationsstruktur betreffend – zu erkennen, dort aber nicht stehenzubleiben, sondern erfolgreich umzusetzen, indem neue Produkte oder Prozesse innoviert beziehungsweise neue Märkte erschlossen werden. Unternehmerpioniere zeichnen sich dadurch aus, dass sie bereits zu Beginn ihres Handelns ein klares Ziel, eine Vision vor Augen haben, die sie strikt verfolgen, und das gegen sämtliche Widerstände und Hindernisse, die sich ihnen auf dem Weg der Umsetzung zeigen. Eine Harvard-Studie, die 1979 begann, analysierte über einen Zeitraum von zehn Jahren die berufliche Entwicklung von Absolventen. 83 Prozent hatten keine konkrete Zielsetzung für ihr berufliches Leben. 14 Prozent hatten eine klare Zielsetzung, diese jedoch nicht schriftlich formuliert. Sie verdienten nach zehn Jahren dreimal so viel wie die Gruppe, die keine konkreten Ziele hatte. Eine dritte Gruppe von Absolventen – drei Prozent – hatte nicht nur klare Ziele, sondern diese auch schriftlich fixiert. Sie verdiente zehnmal so viel wie Gruppe eins.[1]

Warum gelingt es ihnen erfolgreich zu sein und sich diesen Widrigkeiten so konsequent und beständig zu widersetzen? Das hängt ganz sicher mit einer starken Persönlichkeit zusammen, aber nicht nur. In der Regel haben diese Menschen sich sehr gründlich mit sich beschäftigt: Was kann ich, worin liegen meine besonderen Stärken – und die der Gesellschaft –, was möchte ich der Gesellschaft geben, aus welcher Quelle kann ich dabei schöpfen? Sie kennen ihr Why: warum sie etwas machen, den Sinn und Zweck. Unternehmen, die einen Purpose formulieren und verfolgen, sind im Vorteil im Krieg um Talente, den der Fachkräftemangel uns beschert. Sie haben sich einer tiefgründigen, ganzheitlichen Analyse unterzogen, auch wenn es nicht jedem bewusst war. Aber diese Auseinandersetzung aus verschiedenen Blickwinkeln in Kombination mit der klaren Vision, wo es hingehen soll, hat sie durch Schwierigkeiten getragen, hat ihre Resilienz weiter gestärkt und sie letztlich erfolgreich zu ihren Zielen geführt. Diejenigen, die sehr erfolgreich sind, wissen um ihre Stärken und bringen diese aktiv ein.

Gute Führungspersönlichkeiten sind Menschen, die auch in scheinbar aussichtslosen Situationen eine Vision haben und es schaffen, diese Vision zu vermitteln und daraus klare Ziele zu entwickeln. Sie sind in der Lage, andere davon zu überzeugen, zum Beispiel Investoren oder Banken, die diese Ziele und Visionen mit Kreditlinien abzusichern helfen, Mitarbeiter, die durch Leistungsfähigkeit und -willen darin unterstützen, diese Ziele erfolgreich umzusetzen, und das auch in schwierigen Zeiten. Dabei reicht es beileibe nicht aus, nur ein Visionär zu sein. Es gehört auch Realismus dazu, um die gegenwärtige Situation, in der sich das Unternehmen befindet, klar zu analysieren und dabei Chancen und Risiken zu benennen, Stärken und Schwächen zu identifizieren. Nur dann können die richtigen Strategien zur Umsetzung der Vision entwickelt werden. Dabei setzen kluge Führungspersönlichkeiten nicht nur auf die eigene Stärke, sondern beziehen die sogenannte Schwarmintelligenz ihrer Belegschaft und Kunden mit ein.

Jürgen Klopp, Trainer des FC Liverpool und Welttrainer der Jahre 2019, 2020 und 2022, beschreibt seine Situation als Teammanager in einem TV-Interview wie folgt: „Ob ich der beste Trainer bin? Das kann ich gar nicht beurteilen. Ich kenne nicht alle Trainer. Aber ich kenne mich und ich weiß, dass ich allein diesen Erfolg mit dem FC Liverpool nicht hätte erzielen können. Als ich damals angeheuert habe, habe ich mir ausbedungen, die besten Co-Trainer für die Einzeldisziplinen auszusuchen und einzustellen, die es gibt. Sie können das, was ich nicht kann. Aber eines ist klar: Am Ende treffe ich, nachdem ich alle gehört habe, die Entscheidung. Das kann nur einer machen."

Das Beispiel von Jürgen Klopp zeigt: Erfolg hat viele Väter auf Augenhöhe, aber es braucht auch einen Visionär. Klopp ist ein Paradebeispiel für moderne Führung, zu der eine ausgeprägte Fähigkeit zur Teamarbeit und Kommunikation gehört. Was Klopp im Sport erreicht und wie er es erreicht hat, lässt sich auch auf die Wirtschaft übertragen. Klopp setzt auf gegenseitiges Vertrauen, gibt aber gleichzeitig eine Vision vor. Indem er auf die fachliche Stärke seiner Spieler und Co-Trainer vertraut, gibt er ihnen Selbstbewusstsein und bringt ihnen Wertschätzung entgegen. Dadurch erzeugt er mentale Stärke. Gleichzeitig ist er in der Lage, mit seiner Vision vom Titelgewinn Sehnsüchte zu stimulieren und damit Leidenschaft, Passion zu erzeugen, die mitentscheidend ist, um den Sieg tatsächlich zu erringen: „Man muss manchmal eine Mannschaft wecken. Aber ich glaube nicht daran, dass die Angst vorm Verlieren dich eher zu einem Sieger macht als die Lust auf Gewinnen. Und die Lust auf Gewinnen ist das, um was es geht."[2] Damit ist es dem FC Liverpool mehrfach gelungen, Spiele für sich zu drehen. Und auch dieser Aspekt lässt sich nahtlos auf die Wirtschaft übertragen. Gerade in Zeiten der Pandemie, die viele Unternehmen zum Teil in existenzielle Nöte gebracht und Veränderungsprozesse notwendig gemacht hat, kommt es darauf an, dass die Unternehmensführung vertrauensvoll auftritt. Vertrauen ist keine Einbahnstraße. Das Vertrauen, das ein Unternehmer vorab seiner Belegschaft entgegengebracht hat, bekommt er in der Regel zurück, wenn es kritisch wird. Ihm wird zugehört, und wenn die Führungskraft dann noch in der Lage ist, eine Vision zu entwickeln und überzeugend darzulegen, wenn sie es schafft, die Sehnsucht nach Erfolg und Leidenschaft zu entfachen, ist das bereits mehr als die halbe Miete.

Karl Benz wurde damals verlacht und nicht ernst genommen, als er sich an die Entwicklung des ersten Automobils wagte. Doch er hatte diese Vision und ein klares Ziel, war begeistert von der Idee und ließ sich auch von Rückschlägen nicht entmutigen, sondern verfolgte sein Ziel konsequent weiter. Seine Triebfedern waren zum einen seine große Leidenschaft und zum anderen seine intellektuelle und gleichzeitig handwerklich-praktische Kompetenz. Sie waren die Basis für seinen Erfolg. Doch dieser Erfolg war zunächst in der Verwirklichung seiner Idee beschränkt. Zum ökonomischen Erfolg benötigte Carl Benz Aufmerksamkeit. War Benz auch ein absolut genialer Tüftler und mit allen Fähigkeiten versehen, um ein Automobil herzustellen, so fehlte ihm jedoch die Fähigkeit, seine Idee einer breiten Masse zugänglich zu machen. Es war seine Ehefrau Berta, die, wie wir es heute ausdrücken würden, die nötige PR für das neue Automobil besorgte: Die beherzte Berta Benz schnappte sich das Automobil ihres Gatten und fuhr von Bretten nach Bruchsal. Unterwegs hielt sie bei einer Apotheke an, um Treibstoff zu kaufen. Der für damalige Verhältnisse fast unerhörte, ganz sicher aber ungewöhnliche Anblick einer Frau auf einer Kutsche, die sich ohne Pferdekraft bewegte, wurde zum Gesprächsstoff und erzeugte die notwendige Aufmerksamkeit. Das ist nun mehr als 100 Jahre her, aber der Grundmechanismus dieses Erfolges – sowohl der Ingenieursleistung als auch der Werbemaßnahmen – hat in unseren Zeiten weiterhin Gültigkeit. Und es zeigt vor allem eines: Die Bündelung von Expertise, das Vertrauen in sich selbst und in die Fähigkeiten anderer war und ist eine Grundvoraussetzung für den Erfolg jeglicher Art, den ökonomischen wie den persönlichen.

Ein weiteres Beispiel für einen Unternehmerpionier, von dem wir auch heute noch lernen können, ist der amerikanische Erfinder und Unternehmer Thomas Alva Edison, der auf dem Gebiet der Elektrizität und Elektrotechnik bahnbrechende Erfindungen verzeichnete. Seine Verdienste sind vielfältig unter anderem im Bereich der elektronischen Energieversorgung und der Weiterentwicklung der Telefontechnik. Wohl mit am bekanntesten in der breiten Öffentlichkeit ist seine Erfindung der Glühbirne. Ihm werden 1093 Patente zugeschrieben, die verdeutlichen, mit welch großer Passion er seine Visionen verfolgte. Und dabei gab es nicht nur Erfolge, sondern Edison musste einige Rückschläge in Kauf nehmen. Aber seine Kreativität im Kontext seiner Visionen, gepaart mit seiner Hartnäckigkeit und seinem Arbeitseifer in der Umsetzung, ließen ihn mit Rückschlägen fertigwerden. „Ich bin ein guter Schwamm, ich sauge Ideen auf und mache sie nutzbar. Die meisten meiner Ideen gehörten ursprünglich Leuten, die sich nicht die Mühe gemacht haben, sie weiterzuentwickeln", so Edisons Selbsteinschätzung. Dabei bezog er auch die Expertise guter Handwerker, Mechaniker mit ein, die ihn in der praktischen Umsetzung seiner Ideen unterstützten.

Oder schauen wir auf die jüngere Vergangenheit am Beispiel von Steve Jobs: Versehen mit einer Vision und mit klarer Zielsetzung, wie diese zu erreichen ist, ist er seinen Weg des Erfolgs gegangen, allen Widerständen zum Trotz, und hat uns mit dem iPhone ein beeindruckendes Produkt geschenkt, das den IT-Markt, die weltweite Kommunikation und damit einen großen Teil unseres Lebens verändert, ja revolutioniert hat.

Manche Menschen scheinen das Unternehmer-Gen – wohlgemerkt eines erfolgreichen Unternehmers – im Blut zu haben.

Anderen ist es nicht mit der Muttermilch mitgegeben. Aber die gute Nachricht lautet: Eine gute Unternehmensführung kann man lernen, wie das Beispiel des Unternehmers Bodo Janssen verdeutlicht: Nach dem Unfalltod seines Vaters wurde er mit Anfang dreißig alleiniger Geschäftsführer der Upstalsboom Hotel und Freizeit GmbH & Co mit Sitz in Emden, eines führenden Ferienanbieters an der Nord- und Ostsee. Seine Ziele waren damals klar umrissen: Gewinnmaximierung, Steigerung der Effizienz und Qualität – so, wie es in den BWL-Studiengängen an den meisten Hochschulen oder Universitäten gelehrt wird. Aber eine Vision, die war nicht gegeben. Nach den klassischen betriebswissenschaftlichen Theorien war die Upstalsboom-Welt in Ordnung, aber es gab eine hohe Fluktuation, eine immer geringere Anzahl an Bewerbern und einen hohen Krankenstand. Das, was Bodo Janssen wahrnahm – ein erfolgreiches Unternehmen –, sahen die Mitarbeiter ganz anders: Eine Mitarbeiterbefragung ergab eine tiefe Diskrepanz zwischen der positiven Eigenwahrnehmung des Geschäftsführers und der ernüchternden seiner Mitarbeiter. Doch dieses Ergebnis hat zu einem Veränderungsprozess bei Bodo Janssen geführt. Er zog sich in ein Kloster zurück und begann sich intensiv mit sich selbst zu beschäftigen. Dabei entstand erstmals echte Leidenschaft: Bodo Janssen verspürte den Wunsch, stärker an sich selbst zu arbeiten. Dazu nahm er verschiedene Impulse auf, unter anderem die Regeln des heiligen Benedikt, nach denen die Mönche in dem von ihm gewählten Kloster leben. Hierbei handelt es sich um Themen aus der Positiven Psychologie und Kernsätze wie „Nur wer sich selbst führen kann, kann andere führen", „Führung ist Dienstleistung" oder auch „Wer anderen dient, dient sich selbst". Dadurch hat sich das Denken Janssens vollkommen verändert; er ist in eine für ihn bis dato neue Wertekultur eingetaucht, die unter anderem einen wertschätzenden Umgang, Dankbarkeit und Demut für ihn erfahrbar gemacht hat. Mit diesem Wandel an sich selbst konnte Bodo Janssen auch einen Wandel im Unternehmen einläuten, der zu Beginn von den Mitarbeitern vorsichtig beäugt wurde, denn auch sie haben Neuland betreten. Und es gab auch Mitarbeiter, die sich entschlossen haben, diesen Weg nicht mitzugehen. Was dann allerdings in einem Prozess entstanden ist, lässt sich sehen. Unterstützt wird der Selbsterfahrungs- und Erkenntnisprozess, dem sich die Belegschaft unterzieht, durch ein sogenanntes Curriculum, bestehend aus einem Seminar aus drei jeweils anderthalb Tage langen Modulen, zwischen denen jeweils drei Monate liegen. Im Rahmen dieses Curriculums beschäftigen sich die Mitarbeiter zuerst mit dem Thema Selbstführung, angelehnt an den Gedanken, dass nur der, der sich selbst führen kann, in der Lage ist, andere zu führen. Die Führungskräfte reflektieren dabei ihre Vorbildrolle. Zudem geht es um Themen der Selbsterkenntnis, des Bewusstwerdens der eigenen Ziele in unterschiedlichen Lebensphasen mit dem Fokus, sich ein eigenes Leitbild zu erarbeiten. Impulsfragen dabei sind zum Beispiel: Was ist meine persönliche Vision? Was ist mir wichtig, was sind meine Stärken, meine Talente? Inwiefern kann ich diese nutzbringend einsetzen? Auch hier kommt das Prinzip Why – Warum zum Tragen.

Im zweiten Modul lernen die Teilnehmer verstärkt, einerseits andere Menschen zu führen, anzuleiten und andererseits geführt zu werden, bis es im letzten Schritt, dem dritten Modul, darum geht, Instrumente nachhaltiger und wertvoller Führung anzuwenden, unter anderem die Sprache als ein wesentliches Mittel in diesem Kontext zu erkennen. Außerdem werden verschiedene Projekte gemeinsam mit den Auszubildenden unternommen, um aktiv sozial, charitativ und ökologisch zu unterstützen. Die „Tour des Lebens" ist mittlerweile fester Bestandteil der Ausbildung geworden. Dabei konnten die Auszubildenden ihre Fähig- und Fertigkeiten schon in Ruanda unter Beweis stellen, indem sie zum Beispiel für 50 bis 60 Menschen gekocht und diese in anderen Bereichen unterstützt haben. Oder sie konnten ihre Stärke und Resilienz bei der gemeinsamen Besteigung des Kilimandscharo erkunden – von der Vorbereitung bis zur Umsetzung lernen, wie es ist, gemeinsam ein Ziel zu erreichen und dabei die eigenen Grenzen zu erfahren und zu durchbrechen. Durch diese Erfahrungen wird bereits bei den Auszubildenden eine neue Bewusstseinsebene angestoßen, und sie lernen sich selbst, aber auch einander in diesen Projekten besser kennen und wertschätzen.

Die Mitarbeiter werden ganze zwei Tage im Jahr freigestellt, um sich engagieren zu können. Und zu erwähnen ist auch das Projekt „Werte machen Schule", bei dem Bodo Janssen resümiert: „Werte statt Fachwissen – das Schulsystem ist veraltet". Wichtiger sei ein „wertschätzungsbasiertes Persönlichkeitsbild" (WePebi). Hier gibt es bereits erste Überlegungen, Wertschätzung als Unterrichtsfach in ein Berufskolleg in Dortmund zu integrieren, das von Janssen unterstützt wird. Denn die Schüler sollen sich schon vor ihrem Start ins Berufsleben überlegen, welche Stärken und Talente sich in ihrer Persönlichkeit bündeln, die es viel stärker als bisher zu nutzen gilt. Schließlich kommt es im Wesentlichen auf Folgendes an: die Persönlichkeit, die Haltung, wie ein Mensch sein Leben angeht, wie er mit sich und anderen umgeht. Vieles, was an fachlichem Know-how nötig ist, kann (später) zur rechten Zeit erworben werden. Grundlegende Werte, die im sogenannten Upstalsboom-Wertebaum manifestiert sind, bilden die Grundlage für eine (neue) Kultur im Umgang miteinander: Fairness, Wertschätzung, Zuverlässigkeit, Offenheit, Loyalität, Vorbildhaftigkeit, Achtsamkeit, Vertrauen, Verantwortung, Herzlichkeit, Lebensfreude und Qualität. Bodo Janssen: „Im Spannungsfeld zwischen Spiritualität und Wissenschaft haben wir begonnen, unseren eigenen Weg zu gehen – den Upstalsboom-Weg."

Mittlerweile hat Bodo Janssen auch eine Vision, die ihn berührt und leitet: „Ich habe eine Vision von glücklichen Menschen". In erster Linie geht es ihm um glückliche Mitarbeiter, und dass er dieser Vision auf der Spur ist, ist in Fakten bündelbar: Bei 80 Prozent der 600 Mitarbeiter hat sich die Zufriedenheit messbar erhöht. Die Krankheitsrate hat sich signifikant von zehn auf unter zwei Prozent reduziert. Der Umsatz, die Auslastung und der Ertrag sind dagegen deutlich gestiegen. Der Kulturwandel im Unternehmen Upstalsboom ist von Erfolg gekrönt und Bodo Janssen ist zu einem aktiven ZukunftsMacher gereift.

Die Bedeutung des persönlichen Empfindens – wie sie Bodo Janssen mittlerweile als Vision im Blick hat – ist auch für die wirtschaftlichen Belange nicht zu unterschätzen. Wenn wir nämlich zufrieden, wenn wir glücklich sind, wenn wir in dem, was wir tun, einen Sinn sehen, dann sind wir nicht nur in der Lage, Visionen zu entwickeln, sondern wir entwickeln das intrinsische Bedürfnis, unser Bestes zu geben. Mit Fragen, die sich dieser persönlichen Seite des Menschen widmen, befasst sich das folgende Kapitel.

Kapitel 2
Was macht uns glücklich?
Was brauchen wir dazu?

Die zentrale Frage nach dem Glück setzt eine intensive Auseinandersetzung mit den Bedürfnissen des Menschen voraus. Dabei geht es darum, von der Oberfläche in die Tiefe zu dringen, den Schein vom Sein zu trennen.

Ziel jedes Menschen und jeden Lebens ist es, glücklich zu sein. Dabei muss beachtet werden, dass Glück einer Lebenshaltung entspringt, die sich auf der Grundlage verschiedener Parameter fixieren lässt. Zu diesen Parametern gehören zuerst einmal Attribute wie Respekt und Vertrauen, ein Gefühl, sich auf jemanden oder etwas verlassen zu können. In Norwegen zum Beispiel gilt der Grundsatz, einem Menschen zu vertrauen und nur das Beste über ihn zu denken. Diese Grundeinstellung führt dazu, dass den Menschen dort ein hohes Maß an Autonomie zugesprochen wird. Sie können ihre Projekte und Pläne auf ihre Art und Weise umsetzen, und das im individuell gewählten Tempo. Ähnliches gilt für die anderen skandinavischen Länder, die alle im Glücksatlas auf oberen Rängen rangieren. Hier wird nach dem Motto gelebt: So viele Regeln wie nötig und so viel Freiheit wie möglich.

Dabei kann es natürlich auch zu Fehlern kommen. Und dennoch sollten wir mehr lernen, den Blick auch auf das Positive – im Kontext einer konstruktiven Fehlerkultur – zu lenken, weil es so besser gelingt, sich mit den Problemen auseinanderzusetzen. An dieser Stelle sei die Art und Weise des Umgangs mit Fehlern von einem afrikanischen Stamm, dem Stamm der Zulu, erwähnt: Wer hier einen Fehler begeht, wird nicht etwa ausgestoßen oder verachtet, sondern von der Dorfgemeinschaft eingekreist und alle sagen der Person, was sie als positiv auszeichnet, was sie bereits Gutes getan und welchen Wert sie deshalb für die Gemeinschaft hat. Der Fehler ist dadurch nicht eliminiert, wohl aber erhält die Person (neues) Selbstvertrauen und kann damit konstruktiv an die Fehlerbehebung gehen. Schon die Begrüßungsformel der Zulu macht diese Wertschätzung deutlich, die sie den Menschen in ihrer Gemeinschaft entgegenbringen: „Sawubona" wird zur Begrüßung gesagt. Das bedeutet: „Ich sehe dich, du bist mir wichtig und ich schätze dich", und das mit allen Stärken und Schwächen dieser Person; sie wird ganzheitlich gesehen. Die Antwort „Shiboka" bedeutet genau dieses: „Dann existiere ich für dich, denn du siehst mich in meiner Ganzheit, erkennst mich gleichzeitig als Teil eines Ganzen und bringst mir Verständnis entgegen." Die Zulu haben bereits verstanden, dass gesunde und aktive Mitglieder ihre Gemeinschaft insgesamt stärken, und leben dies auf so einfache und gleichzeitig faszinierende Art und Weise. Wer sich noch weiter in dem Bereich einer konstruktiven Fehlerkultur informieren möchte, dem sei zum Beispiel Andreas Gebhardt, ein (ehemaliger) Jongleur und Speaker empfohlen, der Fehler als essenziell für die Entwicklung, als Quelle des Lernens auf dem Weg des Fortschritts identifiziert. Auch der Beitrag von Silvia Ziolkowski am Ende dieses Buches nimmt diesen Aspekt auf.

Wir können also konstatieren, dass der Umgang miteinander wesentlich ist, wie das Verhalten einer Person bewertet wird und wie sich diese fühlt. Über den Pianisten, Komponisten und ehemaligen polnischen Ministerpräsidenten Ignacy Jan Paderewski wird eine wunderbare Geschichte erzählt. Bei einem Konzert in New York, das schon sechs Monate vorher ausverkauft war und bei dem die Besucher durchweg elegant in Smoking und Abendkleid erschienen, brachte eine Mutter ihren neunjährigen Sohn mit, der keine Lust mehr am Klavierspielen zeigte. Sie hoffte, diesen durch das Spiel des Maestros wieder zum Üben zu motivieren. Der Neunjährige trug zwar einen Smoking, aber er blieb ein Kind. Und dieses war rastlos und ungeduldig beim Warten auf den Pianisten. In einem unbeaufsichtigten Augenblick schlüpfte der Junge auf den Gang und ging geradewegs auf die Bühne und den Flügel zu. Die Mutter in Panik rief ihn zurück, er aber begann den Floh-walzer vor dem auf den Maestro wartenden Publikum zu spielen, was großen Unmut und Wut im Publikum erzeugte. Aufmerksam geworden durch den Lärm, erfasste Paderewski die Situation, zog sich in Blitzeseile seinen Frack über und eilte auf die Bühne. Dort stellte er sich hinter den Jungen und flüsterte diesem ins Ohr: „Hör nicht auf zu spielen, mach weiter. Du spielst toll." Und während der Junge den Flohwalzer spielte, begann er ein Konzertstück zu dessen Melodie zu improvisieren und ermutigte den Jungen, im-mer weiter zu spielen. Was meinen Sie? Hat der Junge wieder Lust auf das Klavierspielen bekommen? Wie wird das Publikum wohl auf diese Aktion reagiert haben?

Noch ein weiteres Beispiel soll zeigen, wie wichtig der Umgang miteinander ist. Ein junges Mädchen wurde durch eine Predigt an-geregt, grenzenlose Liebe praktisch vorzuleben. In ihren Ort kamen jedes Jahr die sogenannten *Carnies*. So wurden Jahrmarktarbeiter, abgeleitet von dem englischen Begriff für Jahrmarkt: *carnival*, ge-nannt, die mit Jahrmarktsfahrzeugen von Ort zu Ort zogen. Es waren oft raue Burschen, tätowiert, mit starken Muskeln und gro-ben Gesichtern, über die im Allgemeinen abfällig geredet wurde und die daher auch nicht sonderlich willkommen waren. Nun, die-ses Mädchen hatte folgende Idee: Lasst uns die *Carnies* mit einer Einladung zum Essen in unserer Stadt willkommen heißen. Die Gemeinde war einverstanden und das Mädchen begann mit der Organisation. Es wurde ein Mittagessen vor Jahrmarktbeginn aus-gehandelt und der Eigentümer des mobilen Vergnügungsparks sag-te dem Mädchen, die Stadt solle mit circa 50 Personen rechnen. Für 70 Personen war ausreichend gesorgt, und zu Beginn erschie-nen auch nur sehr wenige Arbeiter. Aber kurze Zeit später waren es schon 200 Arbeiter. Da das Essen knapp zu werden drohte, wurde Nachschub besorgt und am Ende gab es Dankesworte, die wie folgt lauteten: „Seit 40 Jahren bin ich in diesem Geschäft, aber dies ist das erste Mal, dass ich in einer Stadt willkommen geheißen werde." Und dabei haben alle profitiert, denn auch die Helfer wurden sen-sibilisiert und konnten letztlich mit einem anderen Blick auf die

Carnies schauen und eine neue Form der Gemeinschaft erfahren. Wie werden diese *Carnies* der Stadt wohl künftig begegnen?

Halten wir an dieser Stelle schon einmal fest: Vertrauen in sich und andere Menschen, sich auf etwas verlassen zu können, ist ein wesentlicher Garant dafür, zufrieden zu sein und ein Glücksgefühl zu verspüren. Vertrauen ist also ein überaus hohes Gut und wir müssen daran arbeiten, dass vorhandenes Vertrauen bestätigt wird und fehlendes oder gar missbrauchtes Vertrauen (wieder neu) entstehen kann. Letzteres ist besonders schwer und verlangt viel Geduld, aber auch Mut von demjenigen, der bereit ist, neu zu vertrauen, und impliziert zugleich eine große Verantwortung, mit diesem Vertrauen sorg- und achtsam umzugehen.

Ein weiterer Aspekt, der in der Glücksforschung fest verankert ist, ist die Haltung, mit der wir unsere Arbeit und unser Leben betrachten. Länder, wie zum Beispiel Costa Rica, wo die Menschen die täglichen Dinge viel gelassener nehmen, sind definitiv glücklicher. Das Motto *Keep it simple* oder auch den neuen Perfektionismus im Nicht-perfekt-Sein zu implizieren, Dinge mit etwas Abstand, auch mit Humor zu sehen, lässt Leichtigkeit entstehen. So kann Energie in andere Bereiche fließen. Und so werden die Schwerpunkte des Lebens in diesen Ländern auch anders gesetzt: Für ein erfülltes Leben ist es dort bedeutsam, viel gemeinsame Zeit mit der Familie zu verbringen und füreinander da zu sein. Die Gemeinschaft, das menschliche Miteinander produziert einen wahren Cocktail aus Glückshormonen. Es ist wissenschaftlich mittlerweile belegt, dass intakte soziale Beziehungen die Gesundheit eines Menschen fördern. Und aus der Neurowissenschaft wissen wir auch, dass sozialer und körperlicher Schmerz in den gleichen Gehirnbereichen registriert wird. Somit kann Einsamkeit körperlichen Schmerz herbeiführen und eine gute Gemeinschaft die Lebensqualität signifikant – auch körperlich – steigern. Wenn Menschen einsam sind und keine tragfähigen Beziehungen haben, werden andere Werte wie Materielles vordergründig, quasi als Ersatzbefriedigung. Echter Erfolg ist immer mit echten Freunden verbunden, mit authentischen Beziehungen, die auch in schwierigen Situationen bestehen bleiben. Glückliche Menschen benötigen daher keine Ersatzbefriedigungen, weil sie Fülle per se erleben.

Interessant ist die Erkenntnis aus der Glücksforschung, dass Menschen, die einen „gesunden und liebevollen Patriotismus"[1] pflegen („ausnahmslos alle Glücksländer weisen einen gesunden und liebevollen Patriotismus auf"), in der Werteskala des Glücks in den oberen Bereichen rangieren. Und das trifft auch für die Länder zu, in denen die Menschen als gleichwertiger Teil der Gesellschaft wahrgenommen werden. Das sind wichtige Aspekte, die wir für unser Wachstum – persönlich, gesellschaftlich und ökonomisch – nutzen und besser einbeziehen sollten, denn ihre Sinnhaftigkeit ist belegt. Die Sinnfrage insgesamt ist es letztlich auch, die uns, wenn sie positiv beantwortet wird, im Glück schwelgen lässt. All diese Erkenntnisse sind wichtig zu implizieren, um erfolgreich und glücklich zu sein, auch im Kontext der Vision und Zielsetzung, die wir als Unternehmerpersönlichkeit verfolgen beziehungsweise für den gesellschaftlichen und wirtschaftlichen Wandel benötigen. Wir werden in Kapitel 3 feststellen, dass unsere gegenwärtigen Rahmenbedingungen den Menschen nicht glücklich machen und daher ein Wandel unabdingbar ist.

Kapitel 3
Rahmenbedingungen

Die Rahmenbedingungen in unserer Wirtschaft haben sich nicht zuletzt durch die Pandemie dramatisch verändert. Es besteht eine einschneidende Diskrepanz zwischen dem, was sein sollte – uns zu glücklichen Menschen zu machen, uns ganzheitliche Lebensqualität zu geben –, und dem, was gerade ist: Lange waren wir zur Distanz gezwungen, zu Masken, die mimische Interaktion unmöglich machten. In vielen Fällen ersetzte Homeoffice den Gang zum Arbeitsplatz. Was auf der einen Seite Vorteile hat, bedeutet auf der anderen Seite für manch einen, dass ein Großteil der Kontakte damit weggebrochen ist. Menschen sind jedoch soziale Wesen, und Isolation kann zu Verunsicherungen führen. Vieles wurde durch die Pandemie und deren Folgen erst sichtbar. Nun gilt es, die gewonnenen Erkenntnisse umzusetzen: Das bedeutet Sozialkontakte ganzheitlicher pflegen oder Homeoffice ermöglichen und den Mitarbeitern vertrauen, gleichzeitig eine neue Führungskultur entwickeln, die am Arbeitsplatz Teambildung und kreative Entfaltung zulässt und Verlässlichkeit bietet, die Mitarbeiter auch emotional an die Unternehmen bindet.

Diese Grafik zur Unternehmensentwicklung im Kontext der Zeitbetrachtung macht deutlich, dass wir wirtschaftlich in eine Sackgasse geraten sind. Wir müssen an dieser Stelle in einen Wandel kommen, der diese Grenzen auflöst.

Die rote Kurve in der Basisgrafik von Fredmund Malik[1] zeigt die Entwicklung der Unternehmen und Organisationen in den letzten Jahrzehnten. Danach sehen wir deutlich, dass diese Entwicklung so nicht mehr weitergehen kann. Andererseits haben sich neue Formen von Unternehmertum entwickelt, und diesen Entwicklungsprozess beschreibt die grüne Kurve. Dazu gehören zum

Beispiel Social Business, Impact-Businessmodelle oder New Work, was die Denk- und Arbeitskultur in den Unternehmen deutlich verändert hat. Heute (vertikale gepunktete Linie) ist es so, dass das alte System immer mehr verfällt und das neue im Entwickeln ist. Dabei haben geschätzte 80 Prozent der Menschen keine Vorstellung von dem, was da wirklich passiert und was die Hintergründe dafür sind. Und noch weniger Menschen und Unternehmer verstehen, welche neuen Wirtschafts- und Organisationsformen sich parallel entwickelt haben. Das Delta zwischen dem Alten, was zerfällt, und dem, was neu entsteht, entspricht dem Maß an Unsicherheit der Menschen heute. Denn das hat Auswirkungen auf die Psyche, befördert Ängste und Depressionen.

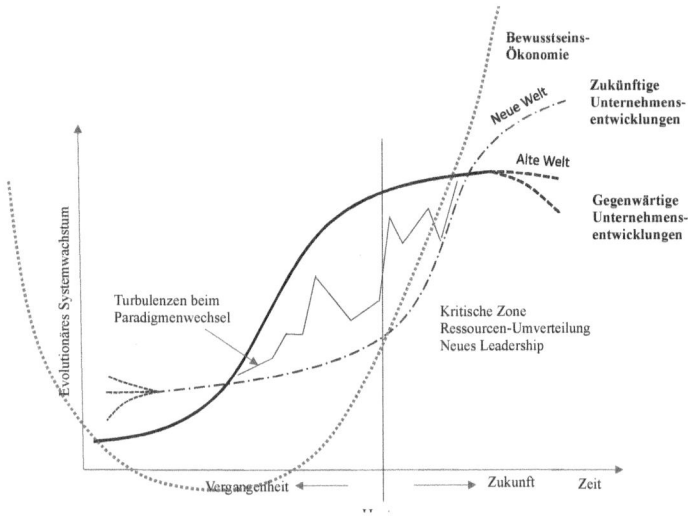

Quelle: Fredmund Malik

Die verfügbaren Einkommen sinken, die Inflation hat eine Höhe erreicht, die es bis dato in der Bundesrepublik noch nicht gegeben hat. Immer mehr Menschen werden hierzulande immer älter, das heißt, die Alterspyramide steht auf dem Kopf. Während einerseits Rentner zur Zielgruppe der Werbung geworden sind, weil sie oft wohlhabend und körperlich fit sind, gibt es auf der anderen Seite immer mehr Menschen, die von Altersarmut bedroht sind. Das bedeutet, sie konsumieren und investieren weniger. In wenigen Jahren werden die geburtenstarken Jahrgänge in Rente gehen, und die wirtschaftliche Last muss von immer weniger jungen Menschen getragen werden. Wie soll das funktionieren? Das alles hat massive Auswirkungen sowohl auf unsere Sozialsysteme und den Staat als natürlich auch auf Unternehmen und Privathaushalte.

Der Markt in Europa verliert aus heutiger Sicht klar an Bedeutung, während Asien, vor allem China und Indien, aber auch zunehmend Afrika als Märkte der Zukunft gesehen werden. Was bedeutet das für uns? Viele Unternehmen, vor allem Großkonzerne, investieren in Asien und in die Finanzwirtschaft – das hat sich auch zu einem starken Problemfeld entwickelt aufgrund vielfältiger Finanz- und Spekulationsprodukte, die für uns Menschen immer weniger greif- beziehungsweise begreifbar werden, andererseits schlichtweg die Manipulation befördern. Wirecard und Lehmann Brothers sind Beispiele dafür. Am Standort Deutschland entfallen immer mehr Arbeitsplätze, weil Unternehmen in die Insolvenz gehen oder die Produktion in Länder verlegt wird, in denen die Lohnnebenkosten deutlich niedriger sind. Löhne sinken, und in Anbetracht der gerade anhaltenden hohen Inflation sowie der Gas- und Strompreiskrise nimmt die Kaufkraft weiter drastisch ab. Nach Angaben des Statistischen Bundesamtes lag das volkswirtschaftliche Schuldenvolumen in Deutschland im Jahr 2021 bei rund 2325 Milliarden Euro. Die individuelle Schuldensumme lag 2021 im Mittel bei ca. 31 100 Euro.[2] Unsere Sozialsysteme stehen vor dem Kollaps. Die auf Staatspapieren aufgebaute Rente ist längst nicht mehr sicher. Über sieben Millionen Rentner kann der Staat bald nicht mehr bedienen und für viele von ihnen stellt sich die Frage, ob sie mit der Rente überhaupt einen Monat leben können. Immer mehr alte Menschen sind regelmäßig bei der Tafel, um überhaupt finanziell über die Runden zu kommen.

Fazit: Wir stehen vor großen Herausforderungen. Nicht nur die Pandemie ist Grund für die Veränderungen. Sie hat diese lediglich verstärkt beziehungsweise in manchen Punkten erst sichtbar gemacht. Deutschland hat die digitale Transformation zum Teil verschlafen. Die einstige Ingenieurnation ist hinter das Silicon Valley zurückgefallen. Zu lange haben wir uns auf unseren bisherigen Stärken ausgeruht und es dabei versäumt, uns an die Spitze digitaler Innovationen zu setzen. Ein Großteil aller Innovationen kommt heute aus den USA oder vom asiatischen Kontinent. Erst durch die Pandemie ist vielen Unternehmen klar geworden, welche Chancen die Digitalisierung bringen kann. Ein mittelständischer Unternehmer berichtete mir, dass er mehrere Hundert Laptops angeschafft habe, um während des Lockdowns mittels Videokonferenzen den Betrieb aufrechtzuerhalten. Er, der sich bislang beständig geweigert hatte, Homeoffice auch nur in Erwägung zu ziehen, und der digitale Arbeit als überflüssig abgetan hatte, konnte nur durch die technologischen Möglichkeiten seinen Betrieb aufrechterhalten. Ironie des Schicksals kann man da nur sagen. Aber es war auch ein Weckruf: „Ich habe begriffen, dass wir nicht mehr so weitermachen können wie bisher. Und ich weiß, dass wir jetzt digital aufrüsten müssen. Ich bereue, bisher alle Hinweise darauf in den Wind geschlagen zu haben."

Eine Erkenntnis gerade noch zur rechten Zeit. Andere haben für ihre Ignoranz bitter bezahlt. 1998 beschäftigte Kodak noch 170 000 Mitarbeiter und verkaufte 85 Prozent des gesamten Fotopapiers weltweit. Ihrer Marktführerschaft zu sicher, ignorierten die Kodak-Chefs die Entwicklung auf dem Markt der Fotografie, wo sich plötzlich Digitalkameras durchsetzten, die seit ihrer Erfindung in den 1970ern zunächst nicht ernst genommen worden waren. Doch das änderte sich plötzlich. Innerhalb weniger Jahre verschwand Kodaks Geschäftsmodell, und das Unternehmen ging in Konkurs.

Ähnliche Pleiten erlitten Atari, Nokia, Blockbuster, Pan Am – um nur eine kleine Auswahl zu nennen. Weil sie die Zeichen der Zeit nicht berücksichtigt haben, ging ihre Wirtschaftsentwicklung drastisch zurück oder sie mussten in den Konkurs.

Fazit: Ignoranz wird bestraft.

Die Möglichkeiten, die das Internet bietet, haben eine massive Änderung des Marktes beziehungsweise der Märkte hervorgebracht. Der immer stärker genutzte Versandhandel hat dem Einzelhandel massiv zugesetzt. Durch den Lockdown der Jahre 2020 und 2021 hat jedoch auch der Einzelhandel aus der Not eine Tugend entwickelt und zum Teil ebenfalls Onlinebestellungen ermöglicht. Dadurch haben einige Geschäfte nicht nur überlebt, sondern zusätzliche Einnahmequellen geschaffen, die sie auch nach der Pandemie weiterhin nutzen. Es geht eben nicht mehr allein um ein Entweder-oder, sondern um ein Sowohl-als-auch. Hybride Lösungen bieten hier neue Chancen, die es zu nutzen gilt.

Auch die Reisebranche ist maßgeblich vom Internet beeinflusst worden. Airbnb ist längst zum weltweit größten Anbieter von Übernachtungsmöglichkeiten geworden, und das, ohne ein einziges Hotel zu besitzen. Privatpersonen haben die Möglichkeit, über das Internet problemlos ihre Unterkünfte gegen Geld anzubieten. Die Hotelbranche muss sich etwas einfallen lassen, um nicht abgehängt zu werden.

Oder schauen wir uns das amerikanische Unternehmen Uber an. Das Dienstleistungsunternehmen hat kein einziges Taxi, befördert aber Personen und macht Umsätze im zweistelligen Milliardenbereich. Ähnlich sieht es bei Flixbus aus. Das Unternehmen befördert Personen in Bussen, ohne eigene Busse zu haben.

Auch die Gesundheitswirtschaft wird maßgeblich von der Digitalisierung beeinflusst. Längst plant man im Silicon Valley, eine Art Krankenkassensystem weltweit anzubieten. Der Automobilindustrie machen die Denker von Google, Apple und Co mit ihren Experimenten zum autonomen Fahren schon länger Konkurrenz.

Die Digitalisierung hat unsere Welt näher zusammenrücken lassen und erleichtert uns in vielerlei Hinsicht das Leben. Das ist die eine, die angenehme Seite der Medaille. Auf der anderen Seite ist der Alltag schneller geworden und wir sind immer – zu jeder Zeit und an jedem Ort – erreichbar. Abschalten kann da schwierig werden. Und so können viele Menschen dieses Tempo und die fehlende Grenze in der Erreichbarkeit kaum noch ertragen. Sie können in diesem Leben kaum noch mithalten. Ältere Menschen werden zum Teil komplett abgehängt, weil sie nicht in der Lage sind, mit den technischen Geräten umzugehen. 65 Prozent der heutigen Schüler und Schülerinnen werden in Berufen arbeiten, die es heute noch gar nicht gibt.[3] Die Stressfaktoren haben insgesamt zugenommen. Existenzängste spielen dabei auch eine Rolle. Das Resultat dieser Entwicklung: Immer mehr Menschen leiden unter psychischen Erkrankungen. 85 Prozent der Deutschen sind Ängste und Depressionen nicht unbekannt. Zwischen 20 und 30 Prozent der Bevölkerung leiden unter diagnostizierten psychischen Störungen.[4] Diesen Menschen muss dringend geholfen werden, doch es gibt zu wenig Therapieplätze. Was lernen wir daraus? Einerseits müssen wir die Arbeitswelt humaner gestalten. Wir müssen wieder mehr Rücksicht aufeinander nehmen. Das bedeutet bereits präventiv zu agieren, das wäre ein systemischer Ansatz. Auf der anderen Seite müssen wir auf die Erkrankungen mit den entsprechenden Angeboten reagieren: Wir benötigen mehr Sozialarbeiter, ebenso Psychologen, und diese müssen für ihre Behandlung die nötige Zeit vergütet bekommen, um ganzheitlich auf das Problem bei ihren Patienten zu schauen und nicht nur Symptome zu lindern beziehungsweise Tabletten zu verschreiben. Eine Behandlung muss den Menschen wieder in den Mittelpunkt setzen, ihn in seiner Ganzheit wahrnehmen – hier gibt es bereits gute Ansätze. Erwähnenswert ist Prof. Dr. Dr. Christian Schubert, Psychoneuroimmunologe an der Universität Innsbruck, der Körper und Seele eines Menschen als Einheit versteht und sein medizinisches Heilsystem damit auf eine ganzheitliche Basis setzt. Das muss adäquat entlohnt werden. Das jetzige Gesundheitssystem hat in vielen Bereichen ausgedient, es kann den täglichen Anforderungen nicht annähernd genügen. Der Katalog der Leistungen mit den entsprechenden Honoraren geht an den Bedürfnissen der Menschen vorbei. Es fehlen die Kapazitäten – sowohl finanziell als auch personell –, die Gesundheitsversorgung holistisch zu gestalten. Sie ist aktuell stark auf Profit ausgelegt. Wenn beispielsweise das Verschreiben von Medikamenten besser vergütet wird als ein

Gespräch mit kranken Menschen, wird das Gesundwerden nicht wirklich unterstützt. Hier sind andere Gestaltungsarten gefragt.

In die psychische Gesundheit von Menschen zu investieren, sei es in den Betrieben, sei es von jedem Einzelnen oder von staatlicher Seite aus, ist nicht nur eine moralische Aufgabe. Es ist ein Wirkungsfeld, und zwar eines, von dem alle etwas haben: Mitarbeiter und Unternehmen, die Erkrankten, die Fachkräfte aus dem therapeutischen Bereich und unterm Strich die gesamte Volkwirtschaft. Laut DAK-Psychoreport 2022 lagen rund 276 Arbeitsunfähigkeitstage je 100 Versicherten aufgrund psychischer Erkrankungen vor. Das bedeutet Höchststand der Fehltagestatistik der Krankenkasse im Coronajahr. Die meisten Fehltage entfallen auf Depressionen (108 Tage je 100 Versicherten). Deutlich zugenommen haben zuletzt auch Fehlzeiten aufgrund von Anpassungsstörungen.[5] Auch ohne die Pandemie haben besonders psychische Erkrankungen innerhalb der letzten zehn Jahre zu einer Verdopplung von Fehltagen geführt, bis zu 20 Prozent zu Frühverrentung und Arbeitsunfähigkeit. Für die betroffenen Menschen bedeutet dies unfassbares Leid. Für Unternehmen und unsere Volkswirtschaft ist es eine Katastrophe. Der Schluss, den man daraus ziehen kann, ist, dass wir zum einen psychische Erkrankungen von ihrem Stigma befreien und zum anderen stärker in Prävention und Therapie investieren müssen, und das auf ganzheitlicher Basis, bei dem das Entlohnungssystem wieder den Menschen und seine Gesundheit im Vordergrund sieht nicht nur in Worten, sondern in der praktischen Umsetzung.

Wir brauchen dringend eine wertschätzende Kultur des Miteinanders auf allen Ebenen. Ein Wirtschafts- und Gesellschaftssystem mit Herzensbildung, denn nur so lassen sich die Herausforderungen, vor denen wir stehen, bewältigen. Weltweit. Empathie ist ein Schlüssel dazu. Empathiefähigkeit sollte in den Schulen gefördert und mit Wertschätzung versehen werden, um deren große Bedeutung für den künftigen ökonomischen, aber auch gesellschaftlichen Erfolg herauszustellen. 2050 werden zehn Milliarden Menschen auf unserer Erde leben. Diese können wir in der jetzigen Wirtschaftsform nicht ernähren. Hinzu kommen die Überfischung der

Meere sowie das Ende des fossilen Zeitalters. Es gibt Anzeichen dafür, dass der Förderhöhepunkt in der Erdölproduktion überschritten ist. Die Verknappung von Öl sowie der wachsende Aufwand für dessen Förderung führen zu steigenden Kosten entlang der gesamten Wertschöpfungskette. Auch die Klimaziele, die im Pariser Abkommen festgeschrieben sind, fordern eine radikale Umstellung unseres wirtschaftlichen Systems.

Wenn wir einem Hungernden einen Fisch geben, dann kann er seinen jetzigen Hunger stillen. Wenn wir ihm zeigen, wie er Fische fängt und zubereitet, kann er sich dauerhaft helfen. Wenn internationale Fischfangflotten aber die Fische vor seiner Küste gründlich abfischen, hat der Hungernde keine Chance, und die Weisheit zur Selbstversorgung hilft dann auch nicht weiter. Hinzu kommt die weltweit gigantische Umweltverschmutzung. Der Raubbau an unserer Natur, unseren Meeren, kurzum an unserer Erde schafft zusätzliche Herausforderungen. Überschwemmungen auf der einen, Trockenheit auf der anderen Seite. Flächenbrände belegen dies. Menschenscharen werden sich auf den Weg in sicherere Gebiete aufmachen, wenn sie sonst keine Perspektive zum Überleben sehen. Wer kann es ihnen verdenken? Doch wie damit umgehen? Papst Franziskus hat in seiner Schrift *Evangelii Gaudium* zum Auftakt des Weltwirtschaftsforums in Davos den Wirtschaftslenkern mahnende Sätze gewidmet: „Diese Wirtschaft tötet" schrieb er in Bezug auf eine Gesellschaft, in der es kein Aufsehen erregt, wenn ein alter Mann auf der Straße erfriert, „während eine Baisse um zwei Punkte in der Börse Schlagzeilen macht. Der Papst fordert von der Wirtschaft, den Menschen zu dienen – nicht dem Geld.[6]

Fazit: Wir müssen das wirkliche Menschsein wieder entdecken. Die menschlichen Grundbedürfnisse wie Liebe, Sicherheit, Zugang zur Natur.

Kapitel 4
Wachstumsmärkte und
Wachstumsstrategien

Im Fokus der folgenden Überlegungen steht die Frage: „Wie können wir mit unserem Unternehmen Orientierung im Markt und der allgemeinen sozioökonomischen Entwicklung finden und uns damit erfolgreich positionieren?" Bei der Beantwortung berücksichtigen wir historische Gegebenheiten – „Wie kam es zum Istzustand?" Und daran anknüpfend beschreiten wir mögliche Wege, um in den Sollzustand überzugehen.

Um in der immer komplexer werdenden Welt Orientierung zu finden, gibt verschiedene Möglichkeiten. Für die zukunftsfähige Positionierung werden im Folgenden zuerst Strategien in Abhängigkeit von Kernkompetenz und Absatzmarkt dargestellt. Ausgehend von einem existierenden Markt stellt sich die Frage, wie innerhalb dieses Marktes höhere Marktanteile oder neue Potenziale erzielt werden können. Eine Antwort finden wir in der Fokussierung auf die Kernkompetenz des Unternehmens und die Bedürfnisse der Zielgruppen. Denn je besser wir unsere Kernkompetenz ins Wirken bringen, desto wirkungsvoller sind unsere Alleinstellungsmerkmale und Marktvorteile. So bevorzugen Kunden Produkte oder Dienstleistungen, die ihre Probleme besser lösen oder ihnen einen Mehrwert verschaffen. In Abbildung 2 sehen Sie diese Basisstrategien schematisch dargestellt. Demnach gibt es drei Basiswachstumsstrategien.

- Konzentration
- Neues Marktsegment, Zielgruppe
- Erschließen eines Megawachstumsmarkts

Die strategischen Basisentwicklungen werden über die Pfeile angegeben.

Wachstums-Portfolio

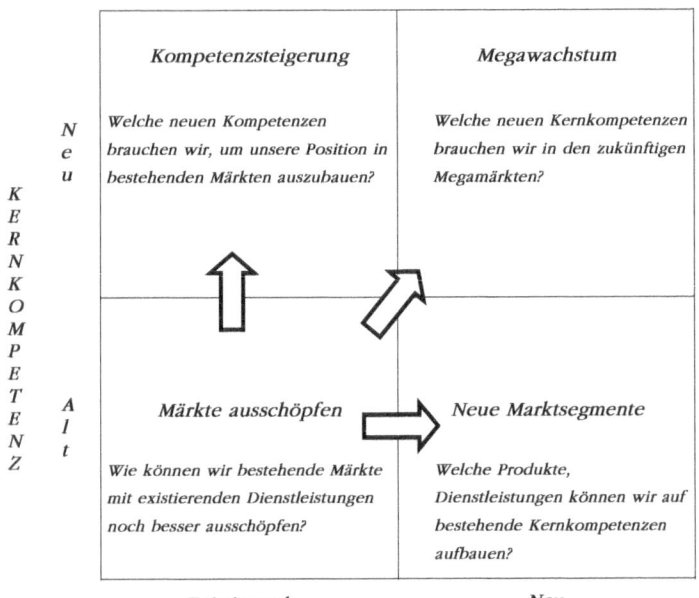

	Kompetenzsteigerung	*Megawachstum*
Neu	*Welche neuen Kompetenzen brauchen wir, um unsere Position in bestehenden Märkten auszubauen?*	*Welche neuen Kernkompetenzen brauchen wir in den zukünftigen Megamärkten?*
Alt	*Märkte ausschöpfen* — *Wie können wir bestehende Märkte mit existierenden Dienstleistungen noch besser ausschöpfen?*	*Neue Marktsegmente* — *Welche Produkte, Dienstleistungen können wir auf bestehende Kernkompetenzen aufbauen?*

K E R N K O M P E T E N Z

Existierend — Neu

MARKT/ZIELGRUPPEN/PRODUKTE

In der Managementtheorie geht man heute grundsätzlich eher von Konzentration aus. Je konzentrierter und enger sich ein Unternehmen auf ein Geschäftsfeld oder eine Zielgruppe konzentriert, desto wirkungsvoller können die besonderen Fähigkeiten des Unternehmens und der Mitarbeiter eingebracht und genutzt werden. Ich habe bisher wenige Beispiele kennen gelernt, in denen ein Bauchladen, das heißt ein breites Leistungsangebot sinnvoller sein kann als Konzentration. Dies kommt beispielsweise in Mangelwirtschaftssystemen vor, wo Unternehmen nicht die nötigen Wertschöpfungsstufen vorfinden und daher mehr selbst herstellen müssen.[1] Konzentration auf ein Geschäftsfeld oder Marktsegment ist eine wesentliche Grundlage für Erfolg.

Ein Beispiel dafür ist die strategische Ausrichtung der Firma Winterhalter. Die Firma Winterhalter, ein Hersteller von Geschirrspülmaschinen, stand vor einigen Jahren vor der folgenden Entscheidung: Bleibe ich im hart umkämpften Markt der Spülmittelhersteller mit all den Konsequenzen wie eine wohl immer geringere Marge, oder konzentriere ich mich auf spezialisierte Marktsegmente in einer Nische, in der meine Kernkompetenzen zur Anwendung kommen und andere Margen realisierbar sind? Und Winterhalter entschied sich damals für das spezialisierte Marktsegment: Die Firma richtete ihren Fokus auf den Bereich der Gastronomie und ist heute Weltmarktführer in diesem Bereich mit rund 1800 Mitarbeitern und einem Umsatz von aktuell 340 Millionen Euro sowie über 40 Niederlassungen weltweit. Mittlerweile ist das Familienunternehmen global aufgestellt. Winterhalter liefert nicht nur gewerbliche Spülen – vornehmlich für die Gastronomie/Hotellerie, dazu mittlerweile auch für Gemeinschaftsverpflegung, Bäckerei/ Konditorei, Metzgereien und den Handel –, sondern steht für eine maßgeschneiderte Gesamtlösung als Lieferant von sauberem Geschirr. Die Firma weiß, wie das Wasser am wirkungsvollsten aufbereitet werden kann, welche Spülmittel in welcher Dosierung am besten geeignet sind und wie das Geschirr in der Maschine optimal getrocknet wird. Darüber hinaus wird ein an die Bedürfnisse der Kunden angepasster Service und Kundendienst mit Wartungs- und Beratungsleistungen angeboten. Damit hat Winterhalter sich in dem speziellen und engen Markt der Gastronomie und Hotellerie einen Know-how-Vorsprung erarbeitet und tritt seither als der Problemlöser für die Reinigung von Geschirr auf. Winterhalter spezialisierte sich damit auf seine Kernkompetenz und ein enges Marktsegment. Dadurch war das Unternehmen in der Lage, zum Hidden Champion innerhalb dieses Bereiches zu werden. Die Markteintrittsbarrieren für bestehende und neue Wettbewerber steigen entsprechend.

Ein Wachstumsmarkt der Zukunft ist die Zielgruppe der Senioren. Denn die Zahl der Singlehaushalte wird ebenso steigen wie die Anzahl der Senioreneinrichtungen. Auch solche Einrichtungen haben Großküchen, die bereits von Winterhalter, welche dieses Wachstumspotenzial frühzeitig erkannt hat, ausgestattet werden. Spezielle Lösungen für Seniorensinglehaushalte zu entwickeln und anzubieten, könnte darüber hinaus ein riesiger Markt sein, der vermutlich aber ein etwas anderes Know-how benötigt.

Fassen wir kurz zusammen: Die Firma Winterhalter ist deshalb so erfolgreich, weil sie sich für die Konzentration auf ein klar umrissenes Marktsegment entschieden hat, bei dem sie ihre Kernkompetenz besonders wirkungsvoll einbringen konnte. Dabei zeichnet sie sich durch Innovationskraft aus, das heißt, sie hat in Forschung und Entwicklung ihres Produktportfolios investiert, um neue Wege zu beschreiten und den Markt nach vorne zu bringen, immer mit dem Fokus, den Bedürfnissen ihrer Kunden gerecht zu werden. Auf diesem Weg sind innovative Produkte entstanden. Weitere neue Geschäftsmodelle – unter anderem die Branchenerweiterung, Finanzierungslösungen für ihre Maschinen bzw. Kunden als Erweiterung des Angebots und last, but not least, digitale Lösungen im Kontext der Forschungsarbeit – machen deutlich: Das Unternehmen hat seine Hausaufgaben überzeugend erledigt und konnte den Erfolgskurs damit weiter ausbauen. Winterhalter steht nach wie vor für ein maßgeschneidertes Gesamtkonzept, stets auf den Kunden abgestimmt. Und das Unternehmen agiert mit den Attributen Engagement, Zuverlässigkeit, Qualität und Sicherheit sowie Umweltschutz und Nachhaltigkeit mittlerweile in der Gruppe der Unternehmerpioniere beziehungsweise Hidden Champions. Jürgen Winterhalter, neben seinem Sohn Ralph CEO und Inhaber der Winterhalter Gruppe, fasst die Firmenphilosophie wie folgt zusammen: „Familiär. Bodenständig. Weitsichtig. Die Kultur und Werte unserer Familie prägen schon seit drei Generationen das Unternehmen. Die Nähe zu unseren Kunden, der permanente Austausch, das Streben nach ganzheitlichen Lösungen – all das ist typisch Winterhalter. Und hat uns zu dem gemacht, was wir heute sind: dem weltweiten Spülspezialisten. Wir lieben unser Familien-unternehmen. Und freuen uns, es jeden Tag ein Stück weiterzu-entwickeln." In einem Interview vom 27. Juli 2022 auf Hotelier. de ergänzt Ralph Winterhalter: „Mein Großvater hat den Leitsatz unseres Unternehmens geprägt: Erfolg hat man nie allein." Daher werden die Mitarbeiter auch als „wertvollstes Gut" gesehen und wertgeschätzt und es wird in ihre Zufriedenheit investiert, auch durch finanzielle Gaben, wie einem großzügigen Bonus zum 75. Jubiläum der Firma. Als wichtige Feststellung fasst der Enkel des Gründers zusammen: „Wir verkaufen Lösungen, nicht nur ein Produkt." Und dabei wird weniger auf die Probleme, sondern mehr auf die Chancen geblickt. Das gehört auch zum Erfolgsre-zept – und das kommt uns, siehe Kapitel 2, doch bekannt vor: Es gehört zu dem, was glückliche Menschen benötigen. Vorteilhaft ist die solide Finanzstruktur des Unternehmens, was es zum einen unabhängig von außen macht und zum anderen unternehmerisch schnelle Entscheidungen, gegebenenfalls auch einen rechtzeitigen Kurswechsel, ermöglicht. Winterhalter hat in der Auseinander-setzung mit dem Markt für sich einen Wachstumsmarkt entdeckt. Wie solche Wachstums-, auch Megawachstumsmärkte identifiziert und wie diese dann für das Gemeinwohl genutzt werden können, wird uns im Folgenden beschäftigen.

All die geschilderten Veränderungen unserer Gesellschaft und unsere Wirtschaft stellen uns nicht nur vor große Herausforderun-gen, sondern sie bergen auch eine Menge Chancen. Kurz gesagt: In den Problemen liegen auch die Lösungen. Am Beispiel Winter-halters konnten wir das unter anderem belegen. Nehmen wir zum weiteren Verständnis exemplarisch die demografische Entwicklung. Natürlich entstehen Probleme, wenn wir mehr alte Leute haben, die mehr Leistungen aus den Sozialsystemen beziehen als junge Men-schen, die einbezahlen. Gleichzeitig stellt diese ältere Personengrup-pe auch einen Wachstumsmarkt dar. Die Werbung hat dies schon länger erkannt: Immer häufiger werden die sogenannten Best Ager als Zielgruppe angesprochen. Viele 70-Jährige von heute sind gut situiert, agil, reisefreudig und entsprechen dem, was früher 50-Jährige waren. Warum daher nicht verstärkt zum Beispiel touristische Angebote genau für diese Personengruppe ins Portfolio aufnehmen, die konkret und modular auf deren Bedürfnisse zugeschnitten sind? Auch im Bereich der Pflege ergeben sich neue Möglichkeiten dank des wachsenden Marktes. Das betrifft zum einen klassische Pflegekräfte und medizinisches Personal, aber auch den Bereich Freizeit: Alte Menschen wollen nicht nur satt, sauber und sicher sein in den Pflegeeinrichtungen, sondern auch am Leben aktiv teilhaben. Hier lassen sich sowohl kommerzielle als auch ehrenamtliche Angebote definieren und ausbauen. Da die Gruppe der älteren, nicht mehr erwerbstätigen Menschen sehr heterogen ist und von dem agilen Best Ager bis zu an Mobilität eingeschränkten und dementen Personen reicht, bietet es sich an, Rentner mit Sozialkompetenz als ehrenamtliche Gesellschafter für diese Gruppen einzusetzen. Es entstehen dabei Win-win-Situationen. Viele Senioren, die nach dem Berufsleben in ein Loch zu fallen drohen, erhalten eine neue Aufgabe, die ihnen Sinn gibt, während das Pflegepersonal entlastet wird. Ältere Menschen mit Einschränkungen hingegen erfahren Zuwendung und damit eine Steigerung ihrer Lebensqualität.

Doch werfen wir einen genaueren Blick auf die künftigen Megawachstumsmärkte, die bei kluger, ganzheitlicher Analyse auch Megawachstumschancen auftun. Megazukunftsmärkte sind Bereiche der Wirtschaft, die in den nächsten Jahren und Jahrzehnten kräftig wachsen werden. Unabhängig davon, ob man selbstständig oder angestellt ist – jeder muss sich die Frage stellen, in welcher Branche künftig die größten Chancen liegen. Doch welches sind diese Megawachstumsmärkte? In welchen Marktsegmenten ist in den nächsten Jahren mit kräftigem Wachstum zu rechnen? Wie finde ich derartige Märkte? Dafür müssen wir sowohl die gesellschaftlichen als auch die technischen Entwicklungen beobachten und die Bedürfnisse der Menschen einbeziehen. Ist dies geschehen, stellen sich schließlich die folgenden Fragen: Welche neuen Kernkompetenzen benötigen wir in diesen Märkten? Welche Produkte und Dienstleistungen brauchen wir, um diese neuen Märkte bedienen zu können?

Künftige Anforderungen – Vorüberlegungen – 25 Wachstumsmärkte

Karl Valentin, ein bayerischer Humorist, sagte einmal: „Die Zukunft war früher auch besser." Es ist wunderbar, wie unbeschwert er mit diesem Thema umgeht. Jede Zeit hat ihre eigenen Probleme. Sie zu bewältigen, brachte zu allen Zeiten neue Lösungsansätze, aber auch Sorgen und Nöte mit sich. So sorgte die Einführung der E-Lok dafür, dass Heizer, die zum Betreiben der Dampflok unverzichtbar waren, überflüssig wurden.

Einen Arbeitsplatz zu suchen beziehungsweise Produkte oder Dienstleistungen morgen noch lohnend abzusetzen, erfordert, dass wir uns mit dem Thema Zukunft auseinandersetzen. Nur dadurch, dass wir uns mit künftigen Entwicklungen frühzeitig beschäftigen, sind wir in der Lage, diese zu erkennen und für die eigene Entwicklung nutzbar zu machen.

Wie sehen die Megawachstumsmärkte der Zukunft aus?

Bevor wir uns im Folgenden damit auseinandersetzen, wie Werte mit neuen Anforderungen verknüpft werden, müssen wir analysieren, wie die Märkte der Zukunft aussehen. Erst wenn wir das wissen, können wir unsere Fähigkeiten beziehungsweise die des Unternehmens mit diesen Entwicklungen verknüpfen.

„Life is what happens to you while you´re busy making other plans" – diese Aussage von John Lennon hat nach wie vor Gültigkeit. Die Zukunft ist nicht bis ins Letzte vorhersehbar. Aber heißt das, wir sollen gar nicht erst versuchen, uns für sie zu wappnen? Ganz sicher nicht. Deshalb erarbeitet die Zukunftsforschung Szenarien für mögliche und für wünschenswerte Zukunftsentwicklungen. Sie geht dabei davon aus, dass die Zukunft von unserem Handeln beeinflusst und im besten Fall sogar gestaltet werden kann.

Welche Instrumente gibt es zur Unterstützung bei der Ermittlung von Zukunftsszenarien? Wie finde ich die Megatrends von morgen? Dazu stelle ich Ihnen im Anschluss die Theorie der langen

Wellen vor, die als Instrumentarium zur Analyse von Wachstumspotenzialen dienen kann. Diese Theorie wurde von Nikolai D. Kondratieff entwickelt. Mit ihr lassen sich Wechselwirkungen zwischen technologischen, wirtschaftlichen, sozialen und kulturellen Entwicklungen nachweisen.

Die Kondratieffzyklen sind seit Beginn der Marktwirtschaft im 18. Jahrhundert zuverlässig beobachtet, das heißt, empirisch untersucht worden. Auslöser und Träger dieser langen Wirtschaftszyklen sind ganz bestimmte Neuerungen in Technik und Wirtschaft, die jeweils 45 bis 60 Jahre lang wirken und als Basisinnovationen Ursache für wirtschaftliche Blüte und Prosperität sind. Fazit: Lange Wirtschaftszyklen werden durch Basisinnovationen getragen. Fünf Kondratieffzyklen konnten bisher empirisch nachgewiesen werden. Aus ihrem Verlauf lässt sich die enge Verbindung zwischen Wirtschaft und Gesellschaft gut zeigen.

Erster Kondratieffzyklus

Der erste Kondratieffzyklus kennzeichnet den Übergang von der Agrar- zur Industriegesellschaft. Ausgelöst und getragen wurde er durch die Erfindung der Dampfmaschine. Diese machte es möglich, maschinelle Webstühle einzusetzen, was eine regelrechte Revolution in der Textilbranche auslöste. Dadurch konnte die Produktion von Garnen, Tüchern und Bekleidung, bisher als Handwerk in Heimarbeit und in Manufakturen ausgeführt, zur wesentlich produktiveren Fabrikarbeit verlagert und nach und nach zur industriellen Massenproduktion ausgebaut werden. Ein rasanter Aufschwung des Textilgewerbes war die Folge – wenn auch oft auf dem Rücken der Arbeiter. Die Arbeit konzentrierte sich in Fabriken. Es kam zu einem riesigen Wachstum der Städte und zum Auf- und Ausbau der Infrastruktur. Eine neue soziale Klasse, die Arbeiterklasse, entstand. Aus ihr gingen Gewerkschaften hervor, die für die Rechte der Arbeiter eintraten. Fazit: Die Basistechnologie des ersten Kondratieffzyklus war die Erfindung der Dampfmaschine.

Zweiter bis vierter Kondratieffzyklus

Der zweite Kondratieffzyklus war bis Ende des 19. Jahrhunderts von Eisenbahn, Schifffahrt und Stahl geprägt.

Der dritte Kondratieffzyklus endete mit Beginn des Zweiten Weltkriegs und wurde von den Erfindungen und Entwicklungen im Bereich Elektrizität und Chemie getragen. Nach dem Zweiten Weltkrieg bis in die 80er Jahre des vorherigen Jahrhunderts brachten das Fernsehen, das Auto, die Elektronik und die Basisinnovationen der Petrochemie den vierten Kondratieffzyklus hervor. Fazit: Die Basistechnologien der Kondratieffzyklen zwei bis vier waren schwerpunktmäßig fokussiert auf die Eisenbahn- und Schifffahrtsentwicklung sowie auf das Stahlgewerbe und gingen später in die Bereiche Elektrizität und Chemie über, die schließlich in den Bereichen der Elektronik und Petrochemie weitergeführt wurden.

Fünfter Kondratieffzyklus

Der fünfte Kondratieffzyklus setzte bereits in den 70er Jahren des 20. Jahrhunderts ein – es gibt also auch Übergänge zwischen diesen Kondratieffzyklen, das heißt, während der eine noch aktiv ist, aber Richtung Ende schreitet, ist der nächste bereits im Vorrücken – und prägt seitdem in allen wirtschaftlich entwickelten Nationen den technischen, wirtschaftlichen und sozialen Wandel. Es ist der erste Langzeitzyklus, der nicht mehr hauptsächlich von der Verwertung von Bodenschätzen, Stoffumwandlungsprozessen und Energie getragen wird, sondern von der Innovation der modernen Informationstechnik sowie Computertechnologie. Seit dieser Zeit konnte keine andere Technologie eine annähernd vergleichbare wirtschaftliche Dynamik und Breitenwirkung vorweisen. Die Informationstechnologie durchdrang in kurzer Zeit sämtliche Bereiche der Wirtschaft und Gesellschaft. „Mehr als jede andere Technologie beherrschte sie den wirtschaftlichen Innovationsprozess und prägte den sozialen, institutionellen und kulturellen Wandel. Mehr als jede andere Technologie löste sie übergreifende Impulse aus und hatte tiefgreifende Auswirkungen auf die weltweite politische Ordnung," so Leo A. Nefiodow, Autor des Buches *Der sechste Kontratieff*.[2] Fazit: Basisinnovationen des fünften Kondratieffzyklus sind die Informations- und Computertechnologie.

Sechster Kondratieffzyklus

Der fünfte Kondratieffzyklus ist, trotz der gigantischen Entwicklung im Bereich der künstlichen neuronalen Netze und der künstlichen Intelligenz (KI) am Auslaufen. Erinnern wir uns: Kondratieffzyklen können sich überlappen. Die Anschlussbasistechnologie der Zukunft beschäftigt sich mit dem Faktor Mensch und seinen ureigensten Bedürfnissen, das heißt, der Mensch in seiner Ganzheitlichkeit wird zum Motivator des neuen gesellschaftlichen, wirtschaftlichen, sozialen und kulturellen Wandels.

Glücklich zu sein in allen Lebensbereichen, das ist ein allgemeiner Trend. Und in diesem Kontext heißt es, eine Anschlussbasistechnologie zu finden, die als Neuerung in Technik und Wirtschaft einen neuen Aufschwung für viele Jahre erzeugen kann und uns aus der ökonomischen Depression der Gegenwart mit all ihren Folgen herausholt. Für Unternehmen gilt es, diese neue Basistechnologie der Zukunft schnell zu erkennen, um sie frühzeitig für die eigene Geschäftsentwicklung nutzen zu können, nötige Erträge zu erzielen und damit wettbewerbsfähig zu bleiben. Siehe Abb. 2.

Trotz aller Risiken in der Prognose müssen wir uns die Frage stellen: Welches sind die neuen Knappheitsfelder der Gesellschaft – also wo ist Bedarf vorhanden und Entwicklung nötig, wo ist genug Potenzial, um Träger eines neuen langen Aufschwungs zu werden? Hier lohnt sich ein Blick auf die demografische Entwicklung in den Industrienationen, die zeigt, dass es immer mehr ältere und immer weniger junge Menschen im Verhältnis zueinander gibt. Entsprechend werden Alterserkrankungen zunehmen; insgesamt eröffnet sich hier ein weiter, breiter Wachstumsmarkt. Fazit: Ein Wachstumsmarkt der Zukunft ist der Bereich der Gesundheit, wobei hier ein allgemeines Wohlempfinden auf allen Ebenen gemeint ist. Der entsprechende Begriff ist Wellbeing. Ein ganzheitliches Konzept, das Gesundheit auch aus globaler Perspektive betrachtet und neben dem Wohlsein des Menschen auch das des Planeten mitdenkt.

Wenn wir von Gesundheit sprechen, müssen wir dabei den Dreiklang aus körperlicher, psychischer und sozialer Gesundheit im Kopf haben. Dabei soll das Konzept der Salutogenese im Fokus stehen, dem nach Aaron Antonovsky (1923–1994) in der Frage „wie kann ich mich gesund halten?" eine Schlüsselstellung innewohnt. Nach Antonovsky ist eine tiefe Zuversicht und Überzeugung Grundlage von Gesundheit und in dem Sinne, dass das gelebte Leben im Grundsatz verstehbar, sinnvoll und zu bewältigen sei. Wenn wir bei der Schaffung von Arbeitsplätzen und -umfeldern, der medizinischen Versorgung und im Aufbau unserer sozialen Strukturen sowohl institutionell als auch privat in der Lage sind, diese Aspekte zu bedienen, haben wir viel erreicht. Das kann zum Beispiel dadurch funktionieren, dass im Arbeitsleben Veränderungsprozesse und daraus resultierende Anforderungen an Mitarbeiter transparent erklärt, statt angeordnet werden. Veränderungen werden somit nachvollziehbar, und der Beitrag, den eine einzelne Person dazu leisten kann, wird klar und damit sinnhaft. Führungskräfte agieren wie Mentoren ihrer Mitarbeiter und gehen individuell auf sie ein: Die eine braucht mehr Freiheit, der andere wünscht mehr Anleitung. Ein solches Umfeld schafft Zutrauen – zum Arbeitgeber und zu sich selbst. Unabdingbar für psychische Gesundheit. Im medizinischen Bereich geht der Fokus auf eine ganzheitliche Betrachtung des Patienten. Und es geht um Prävention und Gesunderhaltung des Körpers, wofür jeder für sich selbst verantwortlich ist. Das ausführliche Patientengespräch hilft vermutlich in vielen Fällen Arzneikosten vermeiden, die psychosomatisch bedingt sind. IT spielt eine besondere Rolle im Wachstumsmarkt Gesundheit. Pflegeroboter sollen die schwere Arbeit der Pflegekräfte erleichtern und ihnen Raum geben für Zuwendung. Künstliche Intelligenz erleichtert Untersuchungen und trägt dazu bei, Gesundheitsversorgung auf dem Land aufrechtzuerhalten, indem per Videocall Experten ortsunabhängig Videosprechstunden abhalten. Informatiker werden auf diesem Weg zum festen Bestandteil der Gesundheitswirtschaft. Neben diesem Marktpotenzial werden von Nefiodow weitere Themenbereiche beziehungsweise Technologiefelder gescannt:

- Information – konkret solche, die den Menschen als Menschen weiterbringt und zu einem besseren, tieferen (Selbst-) Verständnis führt
- Umwelt als Betätigungsfeld, um diese zu bewahren, Schäden entgegenzuwirken. Unser Tun ist darauf ausgerichtet, die Natur zu schützen
- Biotechnologie und optische Technologien, einschließlich der Solartechnik
- Optische Technologien (einschließlich Solartechnik)
- Gesundheit.

Körperliche, seelische und soziale Störungen und Erkrankungen sind der größte Einzelmarkt mit unerschlossenem Produktivitätspotenzial für die Zukunft. Der Gesundheitsmarkt besitzt damit das Potenzial, um Träger des nächsten Langzeitzyklus zu werden. Da aber alles miteinander zusammenhängt, sind auch die anderen genannten Wachstumsfelder letztendlich zu einer ganzheitlichen Gesundheit nötig und können diesen Megawachstumsmarkt partiell unterstützen beziehungsweise positiv verstärken. Gesundheit besitzt damit das Potenzial, zum Träger des nächsten Langzeitzyklus zu werden. Zum Megawachstumsmarkt schlechthin. Im Kontext der oben genannten Wachstums- und möglichen Knappheitsfelder ist der Service als Dienstleistung ein Segment in diesem Markt.

Nun gilt es eine Anschlussbasistechnologie zu finden, die als Neuerung in Technik und Wirtschaft einen neuen wirtschaftlichen Aufschwung für viele Jahre erzeugen kann, um aus der ökonomischen Depression mit all ihren Folgen herauszukommen. Für Unternehmen gilt es, die neue Basistechnologie der Zukunft schnell zu erkennen, um sie frühzeitig für die eigene Geschäftsentwicklung nutzen zu können.

Trotz aller Risiken der Zukunftsprognose müssen wir uns heute schon die Frage stellen: Welches sind die neuen Knappheitsfelder

der Gesellschaft, die genug Potenzial besitzen, um Träger eines neuen langen Aufschwungs zu werden?

Gesundheit wird ein Megawachstumsmarkt der Zukunft.

Nefiodow identifiziert fünf Kandidaten, die das Potenzial dafür besitzen:

Kondratieffzyklus der Services als Bestandteil des sechsten Kondratieffzyklus

Der frühere Manager und Zukunftsforscher John Hormann war als mein Mentor in einer bestimmten Phase meines Lebens prägend für mich. Er stellte schon Ende der 90er Jahre fest, dass wir uns bereits im Zeitalter der Dienstleistungen befinden, und ergänzte, dass insbesondere Heilmethoden für Mensch, Tier und Umwelt Favoriten auf diesem Wachstumssegment sein werden. Aber er bezog auch andere Dienstleistungskontexte ein: Finanzdienste und Sicherheit sowie auch jede andere Art von Dienstleistung, indem wir bereits Bestehendes zum Beispiel neu kombinieren und dadurch etwas Neues entsteht. Fazit: Wir leben bereits in einem Zeitalter der Dienstleistungen. Diese sind Bestandteil des sechsten Kondratieffzyklus.

Wenn wir diesen Dienstleistungsaspekt mehr in den Radius unseres Bewusstseins mit neuen kreativen Überlegungen einbeziehen, können wir die Lebensqualität der Menschen deutlich anheben, und wenn wir ganzheitlich an die Lösung gehen, wird es uns auch gelingen, unseren Wirtschaftsstandort wieder nachhaltig zu stärken. Doch welche Kernkompetenzen sind für diese Zukunftsmärkte erforderlich?

Um immer erfolgreich zu sein, müssen wir – noch einmal – einen kritischen Blick auf unser bisheriges geschäftliches und soziales Miteinander werfen. Hier liegt, wie wir an anderer Stelle bereits festgestellt haben, einiges im Argen. Der gesellschaftliche Wertekanon, der in den beiden Jahrzehnten nach dem Zweiten Weltkrieg in allen gesellschaftlichen Schichten Bestand hatte, ist kaum noch vorhanden. Dieser Wertekanon des Miteinanders und der gegenseitigen Hilfe aber war eine gute Grundlage für einen relativ vertrauensvollen Umgang miteinander, ein Garant für erfolgreiche geschäftliche und auch soziale Beziehungen.

Menschen – vgl. hier auch die Ausführungen in Kapitel 1 und vor allem 2 – streben nach ergiebigen Beziehungen und nach Wertschätzung. Es besteht das Bedürfnis nach verlässlichen Beziehungen und mehr Wohlbefinden in berechenbaren Lebensumständen.

Nach Auskunft der meisten Menschen ist ihnen gesellschaftliche Anerkennung wichtiger als kleine Siege über weniger schlaue Menschen oder schwerfällige Behörden.[3] Kleine Erfolge über andere haben einen geringen Nutzen und können immer nur allein gefeiert werden. Stattdessen haben Menschen Hunger nach authentischen Beziehungen und eben nicht nach schlau genutzten. Gemeinsame Erfolge mit anderen schaffen Vertrauen und schmecken besser. Vertrauen wird damit zum Erfolgsfaktor. Es steigert die Motivation, fördert die Transparenz, macht Neid überflüssig und belohnt Großzügigkeit. Gemeinsame Erfolge potenzieren sich somit und steigern die Lebensqualität. Denn nur wer anderen vertraut, wird mit Großzügigkeit belohnt. Das sind die Gründe, weshalb Teams erfolgreicher sind als Einzelkämpfer. Wie dieser Prozess funktioniert, beschreibt die Professorin, Autorin und Managementberaterin Gertrud Höhler bereits 2005 in ihrem Buch *Warum Vertrauen siegt*.[4] Werden alle Geschäftsbeziehungen auf einer vertrauensvollen Basis aufgebaut, so lassen sich Beziehungen zu Mitarbeitern, Zulieferern etc. verbessern und diese zu Partnern machen. Eine vertrauensvolle Partnerschaft steigert den Erfolg des Einzelnen und der Gruppe. Beziehungen, die darauf aufbauen, liefern die besseren Ergebnisse. Fazit: Vertrauen schafft Erfolg. Kooperationen benötigen Vertrauen. Kooperationen sind erfolgreicher.

Erfolgreiche und langlebige Unternehmen

Der niederländische Wirtschaftstheoretiker Arie de Geus hat die Frage der Langlebigkeit von Konzernen untersucht, weshalb diese seit mehr als hundert Jahren existieren und heute immer noch eine intakte Unternehmensidentität aufweisen und florieren. Er kam zu dem Ergebnis, dass alle diese Unternehmen gleiche Eigenschaften besitzen: Sie weisen das Verhalten und gewisse Eigenschaften von lebenden Wesen auf. So verfügen sie über eine kollektive Identität, eine Reihe gemeinsamer Werte und haben ein stark ausgeprägtes Gemeinschaftsgefühl. Wenngleich ich heute immer öfter diese Werte in den Konzernen schwinden sehe, was zum Beispiel die Gallup-Studie belegt.

Diese Organisationen sind gegenüber ihrer Außenwelt offen. Sie verfügen über ein hohes Maß an Toleranz hinsichtlich der Aufnahme neuer Mitglieder und Ideen, und ihre Mitarbeiter erhalten Unterstützung für das Erreichen ihrer Ziele und werden nicht alleingelassen. All dies sind Eigenschaften, die ebenso auf erfolgreiche Mittelständler zutreffen. Auch hier gibt es beeindruckende Beispiele wie das von Faber Castell, das sich von einem ursprünglich holzbearbeitenden Unternehmen zum Marktführer für Bleistifte entwickelt hat.

Werte werden zum Erfolgsfaktor

Die Erkenntnis aus den Anforderungen in Gesellschaft und Wirtschaft ist, dass alte Werte wieder gefragt sind. Eigenschaften wie Ehrlichkeit, Zuverlässigkeit, Gerechtigkeit oder Fleiß haben wieder einen Wert und können uns wirtschaftliche und gesellschaftliche Vorteile entwickeln helfen. Der lateinische Spruch „Do ut des" – „Ich gebe, damit du gibst" zeigt, dass derjenige, der etwas in die Gesellschaft einbringt, auch etwas zurückbekommt. Egal, ob er dies ehrenamtlich oder wirtschaftlich tut. Wir können uns dadurch gesellschaftlich integrieren und erhalten die Möglichkeit, Gemeinschaft zu erleben.

Werte bringen Ansehen

Unsere Reisefreudigkeit sowie das Interesse und die Auseinandersetzung mit anderen Kulturen ist bekannt. Europäisches Kulturgut wird weltweit geschätzt. Vielfältiges ehrenamtliches Engagement vieler Freiwilliger, das Technische Hilfswerk oder ähnliche Hilfsorganisationen bringen uns weltweites Ansehen. Denken Sie an das aufopferungsvolle Engagement der Bundeswehr oder die Spendenbereitschaft eines ganzen Volkes beim Jahrhunderthochwasser an der Oder 1997. Da hat ein ganzes Volk enorm gespendet – nicht nur an Ostdeutschland, sondern auch an Polen und Tschechien, die schwerer betroffen waren. Aus dem ganzen Land kamen Helfer, die ihren Urlaub genutzt haben, um beim Aufräumen zu helfen. Auch beim Erdbeben in der Türkei und in Syrien 2023 war die Hilfsbereitschaft überwältigend. Die Spendenbereitschaft der Deutschen liegt im World Giving Index auf dem 20. von 126 Plätzen. Solidarität hat immer noch einen Wert und ist uns nicht verloren gegangen. Wir müssen nur die Mechanismen finden, um diese Solidarität in weiten Bereichen der Gesellschaft zu aktivieren.

Ein ehemaliger Topmanager erzählte mir, dass er mit seiner Segelyacht und -crew vor einigen Jahren in einem schwedischen Hafen anlegte. Am Abend saßen sie in einem Yachtclub, und einer von ihnen hatte eine Gitarre dabei, auf der er spielte. Nach einiger Zeit bat der Präsident des Clubs sie, sich zu ihm und anderen schwedischen Mitgliedern an den Tisch zu setzen und etwas zu musizieren. Daraufhin wechselte die Zehn-Mann-Crew den Tisch und unterhielt die Gruppe mit Gitarre und englischen Liedern. Doch zur Enttäuschung des Managers wurden die Gesichter immer länger, und die schwedischen Gastgeber konnten sich ganz offensichtlich nicht über den Beitrag der deutschen Gäste freuen. Folglich fragte der Manager den schwedischen Clubpräsidenten, was denn los sei und weshalb ihm die Musik nicht gefiele. Der Präsident bat die Crew, ob sie nicht deutsche Musik singen könnten, die sei so heiter und herzerfrischend. Anschließend wechselte die Crew auf deutsche Volksmusik, und die schwedischen Gastgeber waren begeistert.

Deutsche Lieder gehen unter die Haut und können Grenzen überwinden. Nehmen Sie das Lied *Lili Marleen*, das Lieblingslied der meisten Soldaten des Zweiten Weltkriegs war. Ein Lied, das auch Soldaten anderer Nationen gesungen haben. In diesem Liedgut liegt ein Wert, auf den wir nicht verzichten sollten. Lassen Sie uns diesen Reichtum erkennen und leben. Gleiches gilt auch für andere Kulturen und Werte. Anknüpfend an die Erkenntnisse aus der Glücksforschung ist ein gesunder Patriotismus, der die Traditionen einbezieht, auch ein Garant für ein glückliches Leben.

Wir müssen zu unseren Werten stehen

Gemeinschaftsgefühl und ein klares Wertegerüst führen zu nachhaltigem Erfolg. Das gilt international und für jeden Kulturkreis. Die oben genannten Beispiele zeigen, dass unsere gesellige und unterhaltsame Mentalität, wenn wir sie zulassen, über unsere Grenzen hinaus Nutzen stiften und Werte schaffen kann. Gemeinwohlorientierung und Hilfsbereitschaft sind heute gefragter denn je. Aber auch andere Eigenschaften wie eine gute Ausbildung, technisches Know-how, Erfindergeist, Fleiß, Weltoffenheit, Risikobereitschaft, Disziplin und Pünktlichkeit haben uns in der Vergangenheit wertvolle Dienste geleistet und sind heute noch weltweit geschätzt. Beim Wiederaufbau nach dem Zweiten Weltkrieg haben uns gerade diese Tugenden geholfen. Und sie können uns auch in Zukunft wertvolle Hilfen sein. Wir müssen sie nur nutzen, und das gilt für alle Kulturkreise auf dieser unserer Welt. Zum Beispiel Afrikaner, die eine natürliche Begabung für Rhythmus, Musik und Heiterkeit haben, was sehr ansteckend sein kann. Wie lässt sich diese Fröhlichkeit zu Wertschöpfung gestalten?

Werte sind international gefragt

Asiatische Unternehmen interessieren sich verstärkt für deutsche mittelständische Unternehmen. Sie sind vor allem an solide aufgestellten Mittelständlern und Familienunternehmen interessiert, die auf dem Weltmarkt aktiv sind. Deutsche Unternehmen sind auch deshalb so geschätzt von den Chinesen, weil der Charakter von Familienunternehmen sehr gut in chinesische Firmenorganisationen passt. Chinesische Unternehmen, die in Form von Dynastien von einzelnen starken Firmenchefs geführt werden, sind der Struktur unserer mittelständischen Unternehmen ähnlich. Gemeint sind deutsche mittelständische Unternehmer, die Verantwortungsgefühl besitzen und ihre Mitarbeiter noch kennen. Das sind Unternehmer, die für scheidende Vorstände oder für sich selbst keine Millionen-abfindungen zahlen. Unternehmer, die niemals in einem Atemzug Rekordgewinne und Rekordentlassungen bekanntgeben würden.

Chinesen sind bekannt für langes Verhandeln. Bevor sie Entscheidungen treffen, benötigen sie immer mehrere Termine. Diese dienen auch dazu, den anderen kennenzulernen und Vertrauen zu ihm aufzubauen. In Deutschland wird dies vorausgesetzt: Ein Mann, ein Wort. Das wird von den Chinesen geschätzt. Nutzen wir unsere Werte und gestalten diese zu Wettbewerbsvorteilen.

Kapitel 5
Wohltätigkeit als Wettbewerbsvorteil und strategische Investition

Sozialengagement kann Absatz und Gewinne steigern und dadurch Unternehmen stärken. Altruismus und Wirtschaft sind damit kein Widerspruch. „Unternehmen operieren nicht isoliert von der Gesellschaft. Ihre Wettbewerbsfähigkeit hängt sogar in hohem Maße von den Bedingungen ab, die an ihren Geschäftsstandorten herrschen. Die Förderung von Bildung gilt zum Beispiel allgemein als gesellschaftliche Aufgabe, doch das Bildungsniveau der Arbeitnehmer vor Ort hat einen erheblichen Einfluss auf die potenzielle Wettbewerbsfähigkeit eines Unternehmens. Je enger eine soziale Verbesserung mit dem Geschäft einer Firma verbunden ist, desto förderlicher ist sie auch für ihren wirtschaftlichen Erfolg.

Langfristig sind soziale und wirtschaftliche Ziele also nicht gegensätzlich, sondern untrennbar verbunden. Wettbewerbsfähigkeit beruht heute darauf, wie produktiv Unternehmen Arbeit, Kapital und natürliche Ressourcen einsetzen können, um hochwertige Güter und Dienstleistungen zu produzieren. Die Produktivität ist umso höher, je mehr Arbeitskräfte verfügbar sind, die gut ausgebildet, zuverlässig, gesund, anständig untergebracht sind und die Chancen für sich sehen. Umweltschutz nützt nicht nur der Gesellschaft, sondern auch den Unternehmen, denn die Reduzierung von Umweltverschmutzung und Verschwendung kann zu einem produktiveren Einsatz von Ressourcen führen und dazu beitragen, Güter zu erzeugen, die die Verbraucher schätzen. Eine Firma, die die sozialen und wirtschaftlichen Bedingungen in Entwicklungsländern verbessert, kann dadurch produktivere Standorte und neue Märkte für ihre Produkte schaffen. Die wirksamste Methode, den drängendsten Problemen der Welt zu begegnen, besteht oft darin, die Unternehmen in einer Weise zu mobilisieren, die sowohl ihnen als auch der Gesellschaft zugutekommt.[1]

Drei Beispiele sollen dazu im Folgenden kurz skizziert werden.

Beispiel 1 – Die dm-Initiative ZukunftsMusiker

Der im Februar 2022 verstorbene Gründer der dm-Drogerie-marktkette Prof. Götz Werner sah die Förderung der Kultur als eine wesentliche Investition für unsere Gemeinschaft an, speziell für einen intensiveren Zusammenhalt und Gemeinschaftssinn. Die Musik, das Musizieren stärkt, das ist wissenschaftlich nachweisbar, die Kommunikations- und Teamfähigkeit, und daher war es ihm wichtig, diesem Bereich wieder mehr Aufmerksamkeit schon in der frühkindlichen Entwicklung zu widmen. So entstand bereits 2006/07 die Initiative ZukunftsMusiker unter der Schirmherr-schaft des Dirigenten Prof. Gerd Albrecht, zu dieser Zeit Chefdiri-gent des Symphony Orchestra in Tokio, und der Pianistin Hélène Grimaud, zwei Persönlichkeiten der Musikszene, die sich beson-ders der Musikvermittlung verschrieben haben. Kinder im Vor-schul- und Grundschulalter wurden spielerisch an die Musik he-rangeführt, hatten die Gelegenheit, ein Instrument zu lernen, das auch leihweise zur Verfügung gestellt wurde. Es gab Workshops, um einfache Instrumente zu bauen, und es gab dieses Erlebnis, in der Gemeinschaft vor Publikum aufzutreten, zum Beispiel im Festspielhaus Baden-Baden, um das Erlernte zu zeigen im gemein-samen Musizieren – ein besonderes Erlebnis für die Kinder, die Eltern und andere Verwandte, aber auch für die Musikpädagogen, die diese Initiative unterstützt haben, damit so etwas Großartiges entstehen konnte. Über 30 000 Kinder konnten auf diese Wei-se erste Erfahrungen mit einem Musikinstrument sammeln und

Musik als Bestandteil ihrer Biografie manifestieren. Das Projekt hat sich ab 2009 auf das Singen und Bewegen fokussiert und ist mit den „Singenden Kindergärten" weiterhin aktiv. Kindergärtner werden durch Musikpädagogen unterstützt, Kindergartenkindern Sing- und Bewegungsfreude zu vermitteln. Daraus sind auch Liederbücher entstanden, die das deutsche Kinderliedgut wieder in die Bevölkerung führen. Und es hat sich eine symbiotische Gemeinschaft gebildet, bestehend aus den Ideengebern (dm), die die Initiative auch finanzieren, den Kindern, denen diese Initiative gewidmet ist, und den Erziehern und Pädagogen, die diese Initiative fachlich unterstützen und dafür auch bezahlt werden. Last, but not least dient diese Initiative unserer Gesellschaft per se, denn die jungen Menschen, die so zur Musik geführt werden, lernen ein anderes Miteinander kennen, lernen miteinander zu agieren, zu kommunizieren – alles Kompetenzen, die für ein erfolgreiches Berufsleben später unabdingbar sind.

Beispiel 2 – Mitenand PutZen

Eine junge Frau und alleinerziehende Mutter, Katharina Zaugg aus der Schweiz war in ihrem Berufsalltag nicht mehr glücklich, und das zeigte sich auch im privaten Bereich. Was also tun? Betriebswirtschaftlich betrachtet gibt es drei Basis-Wachstumsstrategien. Konzentration, neues Produkt, Marktsegment beziehungsweise Zielgruppe oder ein Megawachstumsmarkt. In allen Fällen ist es wichtig zu klären, worin die eigenen Kernkompetenzen sowie die des Unternehmens bestehen. Deshalb überlegte sie, was sie besonders gern und gut machte, und kam zu folgender Feststellung: Ich putze gerne, und ich kann gut mit Menschen umgehen, ihnen zuhören, ihnen gegenüber Verständnis aufbringen, ich bin eine geschätzte Ratgeberin. Anschließend stellte sich die Frage: Wie sieht ein möglicher Markt dafür aus, für das Handwerk Putzen und andererseits Sozialkompetenz? Sie stellte fest, dass es immer mehr Singlehaushalte gibt, Menschen, die einsam oder alleine leben, Menschen die antriebslos sind und einfach keine Gleichgesinnten finden. Kurzum, sie kündigte ihren Job und machte sich selbstständig. „Mitenand PutZen" – das war nicht nur ein Putzauftrag, sondern konnte einsame, zu Depressionen neigende Menschen wieder aktivieren. Am Schluss war die Wohnung geputzt, und die Auftraggeber waren aus ihrer Einsamkeit, Isolation herausgeholt. Sie leitete Menschen an und stellte konkrete Kontakte her. Beide Seiten erlebten so ein Glücksgefühl: Die junge Mutter konnte ihre Zeit frei einteilen und das tun, was ihr Freude bereitete, eine sinnstiftende Tätigkeit ausführen. Die Menschen, zu denen sie kam, freuten sich und wurden wieder aktiv, so wie es gerade ging, hatten einen Gesprächspartner und am Ende auch eine saubere Wohnung. Dieses Modell wurde so erfolgreich, dass die junge Frau bald Menschen in ihrer Firma einstellen und von der Arbeit sehr gut leben konnte. Auch hier haben alle Seiten einen Gewinn, es gibt keine Verlierer in diesem System. Mittlerweile führt Katharina Zaugg eine Putzschule, in der sie ihr Angebotsportfolio einbringt. Ökologische Raumpflege für Familien, Betriebe, in Wohn- und Bürogemeinschaften ist zu ihrem Schwerpunkt geworden. Dazu bietet sie Kurse an, hält Vorträge, schreibt Bücher – *Wellness beim PutZen*, *Reinkultur* und *Putzrezepte* – berät, gibt Handwerkstipps und vermittelt Wellnessübungen – alles zum Thema Putzen. Was für ein spannendes Portfolio und in dieser Art und Weise sicherlich ein Alleinstellungsmerkmal, noch eine Nische in einem Markt, der Potenzial bietet. Der Reinigungsdienst Mitenand PutZen, der von 1988 bis 2018 bestand, ist aufgelöst, wird aber in verschiedenen Spin-offs weitergeführt.

Beispiel 3 – Gebrüder Immler

Kinderreiche Familien finden oft schwer ein Zuhause, und so geht der Trend seit Jahrzehnten immer mehr zu weniger Kindern – maximal zwei, eben auch, weil es sich viele Menschen schlichtweg nicht mehr leisten können, eine große Familie zu ernähren.

Die Gebrüder Immler aus dem Allgäu, selbst aus einer kinderreichen Familie, wollten hier einen Akzent setzen. Sie haben als Brüder mit weiteren fünf Geschwistern die Großfamilie als etwas Positives wahrgenommen, das es zu bewahren gilt, und haben deshalb 2004 eine Stiftung gegründet, die sich dieser Sache annimmt. Sie bauen unter anderem Häuser, die für Großfamilien mit mindestens vier Kindern und drei Generationen (Kinder, Eltern, Großeltern – zwei Senioren über 55 Jahre, auch familienfremd möglich –) geeignet sind, und überlassen sie diesen Familien für eine symbolische 1-€-Miete pro Monat. Zusätzlich gibt es einige wenige „Auflagen", nämlich sich ehrenamtlich mit einer bestimmten Stundenzahl in der Gemeinde aktiv einzubringen. Geplant ist, ein Areal mit bis zu 50 Häusern bis ca. 2035 in Kaufbeuren zu bauen.

Damit profitieren auch wieder sämtliche Beteiligte: Die Firma Immler baut die entsprechenden Häuser und finanziert diese über ihre Stiftung, die Großfamilien zugutekommen. Diese engagieren sich in der Gemeinde und machen diese damit attraktiver. Junge Menschen kommen nach, sind sozial dadurch sensibilisiert, da sie in einem Mehrgenerationenhaushalt aufwachsen, wo jeder jedem hilft. Letztlich entstehen sinnstiftende Gemeinschaften, in denen Vertrauen gedeihen kann, Wertschätzung und Respekt voreinander und Traditionen im Kontext der generationenübergreifenden Verbindungen gepflegt werden können. Eine Win-win-Situation.

Um Orientierung auf dem komplexen Markt zu finden, gilt es, sich als Unternehmen auf Wesentliches zu konzentrieren und dabei die eigenen Kernkompetenzen zu berücksichtigen. Bei der Analyse kann im positiven Fall ein spezielles Marktsegment oder eine entsprechende Zielgruppe erschlossen werden, die ein vielversprechendes Wachstumspotenzial darstellt.

Weiter entscheidend ist, die Gesamtsituation im Blick zu behalten, was sind aktuelle und künftige Bedürfnisse meiner Kunden, und wie kann ich mein Produktportfolio weiterentwickeln im Fokus der Bedürfnisse meiner Zielgruppe. Dabei ist eine bestimmte Wertekultur wichtig, die bereits in ersten Beispielen skizziert wurde.

Wie entscheidend die Unternehmenskultur für den ökonomischen Erfolg des Unternehmens wirklich ist, soll noch einmal anhand konkreten Beispielen erläutert werden.

Kapitel 6
Die Unternehmenskultur
entscheidet über ökonomischen Erfolg

Was sind die Kompetenzen, um wettbewerbsfähig zu sein und zu bleiben, wenn das, was heute etwas gilt, morgen womöglich schon Makulatur ist? Wir haben definiert, dass die Unternehmenskultur ein Schlüssel zum Erfolg ist – ganzheitlich auf allen Ebenen und damit auch ökonomisch. Schauen wir uns diese deshalb noch einmal etwas genauer an.

Wie muss eine optimale Unternehmenskultur aussehen, damit sie erfolgreich ist?

Wenn wir diese Frage indikativ aufgreifen, können wir noch einmal an die bisher erfolgreichen Unternehmen anknüpfen. Nehmen wir die Beispiele von Upstalsboom und Winterhalter. Was macht ihre Unternehmenskultur aus, die sie zu den besten ihres Wirtschaftsbereiches zählen lässt?

Im sogenannten Wertebaum der Upstalsboom-Gruppe sind zwölf Werte benannt, die gleichrangig im System als Richtungsweiser für die tägliche Arbeit dienen. Bereits zwei dieser Werte zeigen, wo der Fokus des Unternehmens liegt: Lebensfreude und Vorbild. Ein Großteil unserer Lebenszeit verbringen wir mit unserer Arbeit. Da wir aus der Glücksforschung und der Salutogenese wissen, wie wichtig ein Wohlempfinden auf allen Ebenen des Lebens ist, muss uns klar sein, dass nur wenn wir Freude an unserem täglichen Tun haben dieses Tun auch qualitativ gut ist, mehr als nur ein Job, den wir ausüben, um unser Leben finanziell abzusichern. Und der Vorbildaspekt ist ebenfalls ein wesentlicher Schlüssel, denn er verbindet

Menschen durch gemeinsame Werte miteinander, erweitert Gutes dadurch, dass Gutes vorgelebt wird, und kann so eingesetzt als ein Erfolgsgarant festgehalten werden. Auch die anderen Werte aus diesem Wertebaum bilden ein festes Fundament für einen liebevollen und respektvollen Umgang miteinander. So lautet das Stichwort zur Fairness: „Gleiche Regeln für alle". Hieran wird deutlich, dass eine erfolgreiche Unternehmenskultur nicht (mehr) durch ein Oben und Unten, sondern (nur) durch ein Neben- und Miteinander funktioniert. Im Wert der Wertschätzung erkennen wir das Ritual der Zulu wieder: Gutes erkennen und das auch aussprechen. Damit ist eine konstruktive Fehlerkultur in einem erfolgreichen Unternehmen ein Muss: kein Verprellen, denn Fehler geschehen und können für eine Weiterentwicklung des Unternehmens und der einzelnen Persönlichkeit wirkungsvoll und fruchtbar sein, wenn sie denn wertschätzend und konstruktiv im Entwicklungsprozess impliziert werden. Dabei ist es unabdingbar, dass man sich aufeinander verlassen kann. Das schafft Vertrauen, fördert Offenheit sowie Kreativität und unterstützt die Loyalität, die es im Umgang miteinander benötigt. Um das zu gewährleisten, ist Achtsamkeit im Umgang miteinander und im Entwicklungsprozess des Unternehmens wichtig. Erinnern wir uns: Ignoranz (zum Beispiel Kodak) wird bestraft. Wer in einem solchen Umfeld einer wie oben beschriebenen Unternehmenskultur arbeiten darf, wird gerne Verantwortung übernehmen und Qualität liefern, weil er sich mit dem Unternehmen identifizieren kann, ihm als Mitarbeiter ein Wert per se zugesprochen wird, er gesehen wird – auch an dieser Stelle darf auf den afrikanischen Stamm der Zulu verwiesen werden – er wird Freude an der Arbeit empfinden und das letztlich durch seine Haltung und Körpersprache zum Ausdruck bringen. Damit entsteht eine Atmosphäre von Wärme und Herzlichkeit, die die Grundlage für einen Arbeitsplatz darstellt, an dem sich jeder wohlfühlen kann und sich als Teil der Gemeinschaft in den Schaffensprozess einbringt. In diesem Kontext ist ergänzend noch die sogenannte dialogische Unternehmenskultur zu nennen mit Fokus auf der Selbstführung und Sinnorientierung, die dem Team und der Belegschaft insgesamt zugutekommen.

In der dialogischen Unternehmenskultur wird der Mitarbeiter als eigenständige Persönlichkeit ernst genommen und unterstützt. Seine Arbeit erfolgt intrinsisch mit Blick auf das Ganze, und neben seiner Fach- und Sozialkompetenz ist vor allem seine Originalität geschätzt. Sein Handeln erfolgt aus eigener Initiative und eigener Verantwortung heraus, und er wird so zum Unternehmer im Unternehmen. Dabei ist es wichtig, dass die Arbeit sinnvoll im Sinne des Ganzen ist und auch die Herzen der Menschen mitgenommen werden. Für die Motivation müssen die Mitarbeiter intensiv informiert und geschult werden, damit die Arbeit verstanden werden kann.[1]

Die Firma Winterhalter hat diese Werte über bereits drei Generationen im Unternehmen vorgelebt; sie legt wie auch Upstalsboom großen Wert auf eine zufriedene Belegschaft, ist an einem ständigen Austausch mit den Mitarbeitern und Kunden interessiert und daher auch ganz nah bei ihren Problemen und kann schnell und zielgerichtet an den Lösungen arbeiten. Letzteres ist dem Unternehmen wichtig: Es werden keine Produkte per se verkauft, sondern Lösungen. Und dabei gilt es, das Unternehmen in einem ständigen Lernprozess zu führen, damit auf Veränderungen am Markt schnell und passgenau reagiert werden kann.

Diese Fähigkeit des schnellen und permanenten Lernens, in der Theorie der lernenden Organisation aufbereitet, die von Arie de Geus eingeleitet wurde, ist eine der Schlüsselkompetenzen für eine erfolgreiche Unternehmenskultur, die den wirtschaftlichen Erfolg zu sichern hilft. Lernen bedeutet Kapital für die Zukunft. Wer seinen Mitarbeitern die Möglichkeit bietet, ständig dazuzulernen, investiert in die Zukunft, in die Zukunft der Persönlichkeiten und im besten Fall – wenn die Mitarbeiter dem Unternehmen treu bleiben – auch in das Unternehmen. Insofern ist Bildung im weitesten Sinn auch ein Wert für eine erfolgreiche Unternehmerkultur. Lebenslanges Lernen ist eine Folge der nötigen digitalen Transformation. Dabei ist Flexibilität als Kompetenz genauso gefragt wie Entscheidungsfreude, dynamisches Handeln und nicht zuletzt eine chancenorientierte Fehlerkultur. Das Unternehmen, das in diesen

Kompetenzbereichen anpassungsfähig ist, hat gute Chancen, sich nach vorne zu entwickeln. Allerdings gilt es zu beachten, dass den Mitarbeitern genügend Gestaltungsraum bleibt, das heißt, sie dürfen nicht durch zu viele Regeln und Grenzsetzungen eingeschränkt werden, sondern es bedarf einer gewissen Freiheit und Autonomie, um die Fähigkeiten der Mitarbeiter auch in einen Fluss zu führen, dass sie diese aktiv einbringen können. Und das, was sie tun, muss sie überzeugen, muss ihnen einen Sinn geben.

Positive Identifikation stiften auch Unternehmen, in denen Führung durch Vorbild und Wohltätigkeit zur DNA gehört. So wie das Unternehmen Dr. Bronner's, ein Hersteller von Naturseifen. Seit seiner Gründung setzt es sich für ein friedliches Miteinander aller Religionen und Erdenbewohner ein. Nachhaltigkeit und Umweltschutz sind fester Bestandteil der Unternehmensphilosophie. Das allein gibt den Mitarbeitern das Gefühl, etwas Sinnvolles zu tun. Zugleich setzt die Führung auch ein Zeichen gegen Gier: Impact statt Profit lautet die Devise. Managergehälter dürfen maximal das Fünffache des niedrigsten ausgezahlten Gehaltes betragen. „Wir können als Familienunternehmen schnell und programmatisch handeln. Es gibt keine extrem profitorientierten Gesellschafter, die uns verklagen können, weil wir nicht maximale Dividenden ausschütten", sagt Mike Bronner. Gewinne werden nur reinvestiert oder gespendet, 2020 flossen knapp 40 Prozent des Gewinns in gemeinnützige und aktivistische Initiativen.[2]

Diese Beispiele machen deutlich, welche Parameter eine erfolgreiche Unternehmenskultur beschreiben und wie sich Erfolg darüber realisieren lässt. Wie diese Unternehmenskultur konkret im Kontext auch der jeweiligen Partner, die mit dem Unternehmen kooperieren, beispielhaft gelebt wird, soll durch das Nachfolger FORUM, eine Veranstaltungsreihe des Peter Hertweck Forums, verdeutlicht werden.

Das NachfolgerFORUM ist eine Plattform, die dabei unterstützt, Nachfolge von mittelständischen Unternehmen strategisch zu gestalten und umzusetzen. Dieser Prozess erfolgt aus einer ganzheitlichen Sicht und bringt Unternehmer und potenzielle Nachfolger sowie Investoren zusammen. Auf dem Forum werden aktuelle Themen aus verschiedenen Teilbereichen, wie zum Beispiel das Thema der Nachfolgefinanzierung, die Rolle der Familie und ihre Werte als Baustein in der Nachfolge referiert und reflektiert, Experten und Nachfolger kommen zu Wort, die über ihren Weg und ihre Erfahrungen auf diesem Weg berichten. Und es ist ein Ort des Kennenlernens und Mitgestaltens. Hierbei werden jährlich mehrere Partnertreffen im Vorfeld des Forums an verschiedenen Firmenstandorten veranstaltet. Dabei treffen sich die Partner auf Augenhöhe, egal, wie groß die Belegschaft ist oder welcher Investitionsrahmen zur Verfügung steht, tauschen sich sachlich und themenbezogen aus und können, ja sollen ihre Vorstellungen mit in das Forum tragen. So entsteht eine ganz besondere Symbiose, die auch atmosphärisch auf der Veranstaltung zum Tragen kommt, wertschätzend und vertrauensvoll und die von einer besonderen Offenheit füreinander geprägt ist.

Werte aktiv in einem Unternehmen zu leben, schafft eine erfolgreiche Unternehmenskultur, die ökonomischen Erfolg nach sich zieht. Pointiert lässt sich also festhalten: Wohltätigkeit im Sinne, dass ein Unternehmen auf allen Ebenen gut aufgestellt ist, damit sich die Mitarbeiter dort wohl fühlen, bietet wirtschaftliche Wettbewerbsvorteile. Gleiches trifft für die Geschäftspartner zu. Ein fairer, wertschätzender, loyaler und zuverlässiger Umgang schafft wesentliche Voraussetzungen für eine – für beide Seiten – fruchtbare und langfristig angelegte Zusammenarbeit.

Kapitel 7
Bewusstseinsökonomie

Es kommt auf unsere Denkhaltung an, mit der wir einander begegnen und aus der heraus wir wirken. Wer aus Wertschätzung gegenüber sich selbst und seinen Mitmenschen, aus Achtsamkeit und Liebe heraus agiert, wird genau diejenigen Lösungen schaffen, die davon beseelt sind. In diese Kultur und in dieses Verständnis gilt es hineinzukommen, sie zu kultivieren. Und nur durch die Veränderung der Kultur im Umgang mit uns selbst und anderen werden wir diejenige Veränderung schaffen, die uns glücklich machen kann. Wer aus Hass, Neid und Missgunst heraus agiert, wird (Schein-)Lösungen produzieren, die davon geprägt sind.

Unser Wirtschaftssystem ist an seine Grenzen gekommen. Wir können nicht grenzenlos produzieren und dabei vieles andere zerstören. Stattdessen brauchen wir ein Wirtschaftssystem, das das produziert, was wir wirklich brauchen. Das bedeutet, unsere Wertschöpfung so zu gestalten, dass sie diese Prozesse unterstützt und fördert. Wertschöpfungskonzepte, die soziales Miteinander, Anerkennung, Wertschätzung und Liebe beinhalten, werden Lösungen hervorbringen, die uns Menschen dienen. Das gilt für Unternehmen ebenso wie für unsere Volkswirtschaft und Gesellschaft.

Wer das tut, was er gerne tut, was ihm wirklich Spaß macht, wird dort auch gut sein. Das bedeutet, wir müssen das erkennen, was wir besonders gut können, wofür wir leidenschaftlich brennen, eine Sehnsucht in uns tragen. Diese Sehnsucht ist eine uns innewohnende ziehende Kraft, eine besondere Fähigkeit, die uns mitgegeben wurde. Es geht also darum, das zu erkennen, wofür wir bestimmt, also berufen sind. Viele Philosophen, Künstler, Dichter und Denker im weiteren Sinne haben sich mit dieser Thematik beschäftigt und ihre Überlegungen dazu in Worte gefasst. Matsuo

Bashō, ein japanischer Dichter des 17. Jahrhunderts, drückte es so aus: „Jeder ist berufen, etwas in der Welt zur Vollendung zu bringen." Friedrich Nietzsche hat es ähnlich formuliert: „Der wahre Beruf des Menschen ist, zu sich selbst zu kommen." Und genau diesen Beruf, diese Berufung, gilt es zu finden und ins Wirken zu bringen.

„Die große Herausforderung des Lebens liegt darin, die Grenzen in dir selbst zu überwinden und so weit zu gehen, wie du dir niemals hättest träumen lassen." So Paul Gauguin. Das schafft Hoffnung und Zuversicht auf ein Wirtschaftssystem, das als Ergebnis des Wirtschaftens Businesslösungen produziert, die unsere Sehnsucht erfüllen helfen.

Wenn wir aus dieser Denkhaltung heraus leben, agieren und wirtschaften, wird das passieren, von dem Giacomo Casanova überzeugt war: „Wer sich entschieden hat, etwas zu tun, und an nichts anderes denkt, überwindet alle Hindernisse." Und auf der Marktseite, wo können wir mit unseren Talenten besonders wirkungsvoll Lösungen schaffen, die wir Menschen brauchen? Dazu ist es auch nötig, wie Henry Ford sagte: „Das Geheimnis des Erfolges ist, den Standpunkt des anderen zu verstehen."

Wenn all diese Überlegungen zusammengefasst und bei der Kreation von Businessmodellen berücksichtigt werden, entsteht ein holistisches Unternehmertum. Darunter werden Businessmodelle gefasst, die ganzheitlich aufgestellt sind im Dialog mit Natur- und Geisteswissenschaften, verbunden mit sogenannten alten Weisheiten, die heute wieder beziehungsweise neu belebt in unser Bewusstsein gekommen sind, zum Beispiel von dem Mystiker Meister Eckart oder Aristoteles – um nur zwei Namen von Vertretern zu nennen –, und weiterentwickelt wurden. Hier kann stellvertretend auf Bruce Lipton mit seinem Buch *Intelligente Zellen* verwiesen werden.[1]

Unternehmen, die so entstehen, verbinden Business mit spirituellen Aspekten. Letztere nehmen Erkenntnisse aus der Naturwissenschaft auf. Hier kann die moderne Physik, speziell das Teilgebiet der Quantenphysik, zitiert werden. Die moderne Physik besagt, dass es auf der Quantenebene eigentlich nur Wechselwirkungen gibt. Und das, was wir Materie und Substanz nennen, sind Verklumpungen dieser Wechselwirkungen.[2] Es geht darum, unsere verschiedenen Talente immer wieder einzubinden, kooperativ zu machen und zu sammeln in Bezug auf eine Zukunft, die neue Antworten braucht.

Zum tieferen Verständnis kann die Quantenphysik hilfreich sein. Diese „war äußerst erfolgreich darin, das Verhalten von Dingen zu beschreiben, die kleiner sind als ein Atom. Daraus konnten ein paar Regeln abgeleitet werden".[3] Doch diese Gesetze der Physik „sind nicht universell, weil sich die Dinge in den allerkleinsten Maßstäben anders verhalten als in der alltäglichen Welt. Energie kann manchmal als Welle und manchmal als Teilchen zum Ausdruck kommen und manchmal als beides. Das Bewusstsein des Beobachters bestimmt, wie sich die Energie verhält. Also das, worauf wir den Fokus unserer Aufmerksamkeit richten, wird zur Wirklichkeit unserer Welt."[4]

Indem wir uns tiefergehend mit der eigenen Quelle unseres Handelns beschäftigen, werden wir uns bewusster. Es geht darum, unseren inneren blinden Fleck zu finden und zu erfüllen. Nach Otto Scharmer ist dieser innere Ort der Ursprungsort, von dem „unsere Aufmerksamkeit und Intention entspringen", und diesen gilt es ins Blickfeld zu bringen. Scharmer ist Ökonom, Senior Lecturer und Aktionsforscher am Massachusetts Institute of Technology (MIT). Er entwickelte die Theorie U[5], wonach die Wirksamkeit des Handelns am stärksten durch die innere Einstellung der Handelnden und der Orientierung auf die Zukunft beeinflusst wird.

Die Buddhisten gehen davon aus, dass wir mit einem uns innewohnenden guten Kern geboren werden und diesen durch Erziehung und Konditionierung verloren haben. Diesen Kern gilt es neu zu entdecken. Wer aus dieser Haltung heraus denkt, fühlt und handelt, wird sich selbst bewusst(er). Er lernt seine Talente kennen und braucht diese nur noch ins Wirken zu bringen. Genauso wie Aristoteles sagte: Da, wo deine Talente sich mit den Bedürfnissen der Welt kreuzen, dort liegt deine Berufung. Doch was ist Berufung, gibt es die überhaupt, und wenn ja wie finden wir sie?

Immer mehr Menschen spüren, was in der Quantenphysik längst bewiesen ist: Unser Bewusstsein – also der Fokus auf das, was uns bewegt – erschafft unsere Wirklichkeit. Die Kraft unseres Geistes, unseres Bewusstseins, unserer Seele bestimmt unsere Lebensqualität. Unsere Seele motiviert uns, das zu tun, weswegen wir geboren sind: unsere Talente ins Wirken zu bringen. Deshalb gilt es, dass wir uns unserer Talente, die uns dazu in die Wiege gelegt wurden, bewusst werden und damit etwas Sinn- und Wertvolles zu tun. Aus diesen Talenten ergibt sich unsere Berufung, und diese Talente gilt es, in den Beruf oder das unternehmerische Wirken einzubringen. Wer diesen Weg so geht, findet seinen Traumjob, findet Lebensqualität und wirtschaftlichen Erfolg. Jeder nach seinen Potenzialen.

Die Bewusstseinsökonomie schafft die Kultur dafür. Sie geht dem Why nach und beruht auf einem Wirtschaftssystem, das eine Unternehmenskultur fördert, die auf Werten wie Vertrauen, Miteinander und gegenseitiger Wertschätzung beruht und Symbiosen entstehen lässt, sodass alle an dem Prozess Beteiligten eine hohe Lebensqualität erfahren. Sie ist ein feines Geflecht von Entwicklungsmöglichkeiten, die auf den oben genannten Werten basieren und die Menschen in einen neuen Bewusstseins- und Erkenntnisstand führen, mit einem differenzierten und umfassenden Blick auf unsere Welt und unser Handeln. Dadurch wird unsere Wahrnehmung auf besondere Weise sensibilisiert, und jeder Einzelne von uns erlebt sich als aktiven Teil der Gemeinschaft, als Mitgestalter im Prozess des ganzheitlichen Wachsens und eines Verschmelzens durch ein neu gewonnenes Verständnis füreinander. Das mikroökonomische Handeln entwickelt sich zum makroökonomischen Wirtschaften. So entsteht eine Betriebswirtschaft, die wegkommt von einem völlig materiebasierten hin zu einem holistischen Wirtschaftssystem. Einem Wirtschaftssystem, das Bewusstsein und Lebensglück im Fokus hat.

Wir haben in Deutschland eine Soziale Marktwirtschaft, die Ludwig Erhard erdacht hat. Die sozialen Belange werden in die

Wirtschaft und Gesellschaft integriert, und das hat weitgehend sozialen Frieden geschaffen. Doch der Sozialstaat wurde so weit geführt, dass heute die Sozialkassen in Deutschland leer sind und ein anderes Extrem entstanden ist. Nämlich ein Missbrauch der Sozialsysteme, weg vom Gedanken was kann ich für das Sozialsystem tun und nicht umgekehrt. Gewerkschaften haben für die Rechte der Arbeitnehmer gekämpft und das war in der Vergangenheit sehr wertvoll. Heute haben wir ein Heer von Selbstständigen und Freelancern, die sich selbst ausbeuten, und wenn sie scheitern, geben sie sich noch selbst die Schuld. Und auch der Gang zum Sozialamt ist mit zum Teil unüberwindbaren Hürden versehen.

Doch „um die Welt zu erklären, ist der Glaube so wichtig wie die Erkenntnisse der Physik", so der bahnbrechende Physiker Steven Hawking. Um nun einen weiteren Schritt in Richtung wirtschaftlichen Erfolg und Lebensglück zu kommen, brauchen wir ein Wirtschaftssystem, das das Bewusstsein integriert und ins Zentrum allen Wirkens stellt. Indem wir das Bewusstsein ebenso in unsere Denkhaltung integrieren wie zuvor die sozialen und ökologischen Aspekte, die uns politisch und im täglichen Handeln zum Pionier in der Umwelttechnologie gemacht haben, schaffen wir ein attraktives Unternehmertum und Gesellschaftssystem. Im Mittelpunkt steht dort das Denken, der Wille derjenigen Intelligenz, die das Universum und alles geschaffen hat. Ein Geist, von dem Albert Einstein sagte: „Jeder, der sich ernsthaft mit der Wissenschaft beschäftigt, gelangt zu der Überzeugung, dass sich in den Gesetzen des Universums ein Geist manifestiert – ein Geist, der dem des Menschen weit überlegen ist …"

Stephen Hawking setzte sich „das vollständige Verstehen des Universums – warum es so ist, wie es ist, und warum es überhaupt existiert" zum Ziel. Dabei kam er zu der Erkenntnis, erst „wenn wir eine komplette Theorie haben, können wir die Gedanken Gottes verstehen". Die Bewusstseinsökonomie für unsere Gesellschaften weltweit greift diese Gedanken auf und ist ein wichtiger Schritt dorthin.

Indem wir die Vision des Erfinders dieser Welt als zentrale Größe in unser Handeln integrieren, schaffen wir die Welt, von der Jesus gesprochen hat. Es geht darum, unser Mitgefühl auf unser Wirken und alle Menschen weltweit auszudehnen und in unsere Denkhaltung zu integrieren. Einen Grund dafür liefert zum Beispiel Albert Einstein in seinem Zitat: „Der Mensch ist Teil eines Ganzen, das wir ‚Universum‘ nennen – ein Teil, der beschränkt auf Zeit und Raum ist. Er erfährt sich selbst, seine Gedanken und Gefühle als getrennt von allem anderen ... eine Art optische Täuschung seines Bewusstseins. Diese Täuschung ist eine Art Gefängnis für uns, das uns auf unsere persönlichen Wünsche und auf die Zuneigung zu ein paar Menschen begrenzt, die uns am nächsten sind. Unsere Aufgabe muss es sein, uns aus diesem Gefängnis zu befreien, indem wir unser Mitgefühl auf alle Lebewesen und die gesamte Natur in ihrer Schönheit ausdehnen.“

Herzensbildung als Triebfeder für Miteinander und neue Perspektiven

In der chinesischen Medizin gilt das Herz als das Zentrum der Weisheit. Im Herzen stecken Weisheit und Intelligenz. Die Autoren Doc Childre und Howard Martin[6] belegen, dass Herzintelligenz der intelligente Fluss von Bewusstheit ist, wenn Geist und Körper im Gleichgewicht und aufeinander abgestimmt sind. Das Herz verfügt sogar über ein eigenes, unabhängiges Nervensystem, das die Physiologen John und Beatrice Lacey vom Fels Research Institute als Gehirn des Herzens bezeichnen. Das Herz tut nicht nur das, was das Gehirn ihm befiehlt, sondern interpretiert die neutralen Signale des Gehirns und verbindet den gegenwärtigen emotionalen Zustand der Person damit. Das Herz folgt seiner eigenen Logik und der Herzschlag stellt eine intelligente Sprache dar, so Bruce Lipton.[7] „Analysen von EKG-Mustern machten deutlich, dass das Herz viel mit Wahrnehmungen und Verhaltensmustern zu tun habe. Das Herz ist die Schaltstelle zwischen dem Bewusstsein und den physiologischen Reaktionen unserer Emotionen." „Wenn eine Person ihre Aufmerksamkeit auf ihr Herz lenkt und ein zentrales Herzgefühl wie Liebe, Wertschätzung oder Mitgefühl aktiviert, wird sofort der Herzschlag kohärenter/abgestimmt. Die höhere Abgestimmtheit des Herzschlags führt zu einer Kaskade von neutralen und biochemischen Ereignissen, die praktisch alle Organe des Körpers miteinbeziehen.

Studien zeigen sogar, dass Herzkohärenz zu mehr Intelligenz führt, weil die Aktivität des sympathischen Nervensystems – des Kampf-oder-Flucht-Reflexes – verengt und das wachstumsfördernde parasympathische Nervensystem gestärkt wird. So wird die Produktion des Stresshormons Kortisol reduziert und das Anti-Aging-Hormon DHEA gebildet. Gefühle der Liebe, des Mitgefühls, der Fürsorge und der Wertschätzung verhelfen uns so zu einem gesünderen, längeren, glücklicheren Leben.[8] Lenken wir unsere Aufmerksamkeit auf das Herz, dann erhöhen wir die Synchronisation zwischen Herz und Gehirn. Das hat zur Folge, dass unser Nervensystem beruhigt und unsere Stressreaktion gemindert wird. Sind wir in einem solchen Zustand der Herzkohärenz, nutzt der Körper seine Energien für Wachstum und Erhalt statt für Verteidigung. Das Herz beeinflusst das Feld mithilfe seiner elektromagnetischen Aktivität, die 5000 Mal stärker ist als jene des Gehirns.[9] Somit kann das Energiefeld des Herzens in bis zu drei Metern Abstand vom Körper gemessen werden. Gefühle wie Liebe erzeugen eine messbare, quantifizierbare Herzfeldkohärenz, während negative Gefühle im Feld des Herzens Disharmonie bewirken.

Der kanadische Biologe Bernard Grad führte Experimente zu paranormaler Heilung durch. Dabei stellte er fest, dass Pflanzen deutlich größer werden und schneller wachsen, wenn auf das Wasser, in dem das Saatgut aufgezogen wurde, von einem medialen Heiler vorher Energie übertragen wurde. Das Gegenteil geschah, wenn das Wasser zuvor von einem depressiven Patienten gehalten worden war. Gerade Beispiele von Heilern zeigen, dass das Tumorwachstum von Laborratten nachweislich verlangsamt werden konnte, wenn diese positive Energie floss.

Der Arzt und Heiler Leonard Laskow führte ein ähnliches Experiment mit Tumorzellen in Petrischalen durch. Während er drei Schalen in einer Hand hielt, versetzte er sich in einen Zustand des konzentrierten heilenden Bewusstseins. „Die wirkungsvollste Absicht, die das Wachstum der Krebszellen um 39 Prozent reduzieren konnte, war: „Kehrt zurück zur natürlichen Ordnung und Harmonie der normalen Zelllinie. Der Heilungseffekt verdoppelte sich noch, wenn Laskow diese Absicht durch innere Bilder unterstützte. Liebe ist der Impuls zur Einheit, zur Nichtgetrenntheit, zur Ganzheit. Liebe ist die universelle Harmonie", so Laskow.

Das Herz sendet unsere Emotionen in unsere Umwelt und wird seinerseits von den Emotionen beeinflusst, die andere aussenden. Wenn sich eine Person mit einer anderen verbindet – sei es durch Berührung oder durch Mitgefühl –, „beginnen die elektrischen Aktivitäten der beiden kommunizierenden Herzen und Gehirne, sich miteinander zu verschränken und sich zu synchronisieren. Diese Forschungsergebnisse weisen darauf hin, welch enorme Auswirkungen die Aktivierung eines weltweiten kohärenten Heilungsfeldes hätte. Sie zeigen, dass die heilende Kohärenz (Koordination) der Liebe ansteckend ist. Die Global Coherence Initiative ist eine wissenschaftlich fundierte Aktion: Sie verfolgt, welcher Einfluss von Millionen von Menschen ausgeht, die sich bewusst ausrichten auf herzzentriertes Mitgefühl und die Absicht, das globale Bewusstsein in ein Gleichgewicht, Kooperation und anhaltenden Frieden zu bewegen.

Wenn wir eine Kommunikationskultur der Herzen entwickeln und unsere Herzen synchronisieren, so sind wir entspannter, hören einander zu und finden die besseren Lösungen. Denn Innovationen benötigen genau diese offene und nicht beurteilende Kultur. Liebe ist die universelle Harmonie. Sind wir so miteinander verbunden, befinden wir uns in einem spürbaren Feld. Deshalb gilt es diese heilende Kraft der Liebe, des Gebets oder der Kohärenz (Zusammenhang, Abstimmung, Koordination) auf unsere Gesellschaft und Wirtschaft zu übertragen. Dazu gilt es, uns bewusst auf ein herzzentriertes Mitgefühl auszurichten. Entsteht so ein globales

Bewusstsein, führt das zu einem Gleichgewicht und bewegt uns hin zu Kooperation und Frieden. Die Liebe ermöglicht uns eine globale Zusammenarbeit in Harmonie.

Machen wir das zu einer Open-Source-Lösung!

Die Wirkungen einer auf Liebe und Herzensbildung orientierten Ökonomie und eines solchen Gesellschaftsmodells schaffen eindeutige Vorteile: Die Gloabal Coherence Initiative des Heart-Math-Instituts misst die Auswirkungen kohärenter Konzentration auf die physische Welt. Beispiel Transzendentale Meditation nach Maharishi Mahesh Yogi in zwei Dutzend amerikanischer Städte. Der Maharishi behauptete, wenn nur ein kleiner Bruchteil der Bevölkerung seine Art der Meditation praktiziere, werde die Kriminalitätsrate in diesem Gebiet sinken. Diese Feststellung bestätigte sich. Es gingen nicht nur die Kriminalitätsrate zurück, sondern auch andere Negativmerkmale wie die Anzahl der Notaufnahmen in Krankenhäusern.

Bruce Lipton berichtet in seinem Buch *Spontane Evolution* von einem Projekt in Indien, bei dem ein Segen in Form der Kohärenz von Mensch zu Mensch übertragen werden kann. Diese Praktik hätte eine tiefgreifende transformierende Wirkung auf das Umfeld.

Arme Kleinstädte, in denen die meisten in Lehmhütten ohne jeden zivilisierten Standard lebten, in denen es große soziale Probleme wie Alkoholismus, physische Gewalt und häuslichen Missbrauch gab. Die Organisation bot den Einwohnern die Anweisungen von Oneness Blessing an, damit sie ihr Glück und ihre Zufriedenheit steigern könnten. Mit der Zeit kamen immer mehr Menschen zusammen und nach fünf Jahren waren das 6000 Leute aus der Umgebung, die an den Oneness-Blessing-Kursen teilgenommen hatten. Der Alkoholismus ist dadurch um über 80 Prozent zurückgegangen, es gab seltener Raufereien, viele Nachbarschaftsprojekte waren entstanden und für jeden Arbeitswilligen gab es eine Anstellung.

Die heilende Kraft der Liebe, des Gebets und der Kohärenz (Abstimmung) beruht dem Bericht nach mehr auf persönlichen Eindrücken als auf wissenschaftlichen Fakten. Wer solche Phänomene selbst erlebt habe, dem erscheint wissenschaftliche Strenge oft überflüssig. Lipton spricht hier von der starken Wirkung, wenn sich die Wissenschaft selbst der verschwommenen Grenze zwischen dem Sichtbaren und Unsichtbaren widme, vor allem, wenn es darum geht, Unbegreifliches wie die Liebe zu messen.

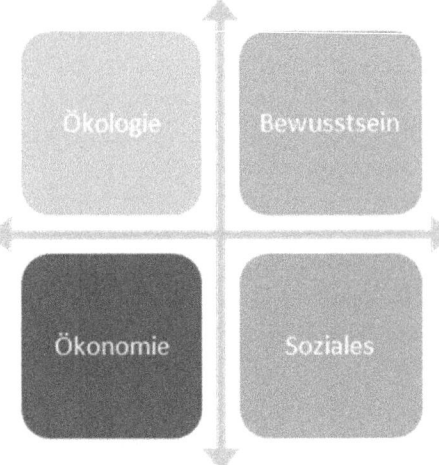

Der Geschäftsführer von Common Passion, Joe Giove, schrieb: „Stellen Sie sich eine massive, globale Zusammenarbeit von Gruppen vor, deren Ziel soziale Harmonie ist und deren Mitglieder aus allen Religionen, Meditationspraktiken und Kulturen stammen. Sie treffen sich lokal und global, lernen, die Ergebnisse sozialer Untersuchungen anzuwenden, und entwickeln eine Open-Source-Technologie, welche die harmonisierenden Auswirkungen ihrer gemeinsamen Bemühungen widerspiegelt." Den Fokus der Liebe auf eine große, gemeinsame Absicht auszurichten, schafft eine völlig neue Perspektive. Es ermöglicht uns ganz neue Möglichkeiten für menschenorientiertes unternehmerisches Handeln.

Wie wir diese Kultur und damit eine lebenswerte Zukunft erschaffen können, wird in den Folgekapiteln dargelegt. Wertschöpfungsketten, die aus dieser Haltung heraus entstehen, bringen ein Unternehmertum hervor, welches das produziert, was wir wirklich brauchen: Glück und Erfolg.

Aristoteles sagte dazu: „Wo deine Talente und die Bedürfnisse der Welt sich kreuzen, da liegt deine Berufung." Dieses Zitat, so alt es auch ist, enthält Wesentliches, nämlich, dass wir unsere Berufung finden müssen. Diejenigen Fähigkeiten und Anlagen, die wir mit auf diese Welt gebracht haben. Doch was ist Berufung, wie finde ich sie und wie kann ich diese ins Wirken beziehungsweise ins Business bringen?

Berufung bedeutet mehr, nein viel mehr als einen Job auszuüben. Aristoteles benennt allerdings zwei Bedingungen, die auf dem Weg zur Berufung erfüllt werden müssen: die eigenen Talente finden, aber das ist nur eine Seite der Medaille. Diese gilt es mit den Bedürfnissen der Welt in Einklang zu bringen. Das ist unsere Aufgabe, als Mensch und als Unternehmer. Nicht mehr und nicht weniger. Diese Aussage impliziert noch etwas Wichtiges. Wer die Bedürfnisse der Welt in den Fokus nimmt, kann nicht egozentrisch agieren. Wer seine Talente in den Dienst der Gemeinschaft stellt, schafft automatisch eine Symbiose und sein Tun ist sinnstiftend, weil nicht einzelne Bedürfnisse weniger, sondern die Bedürfnisse der Welt, also vieler Menschen im Vordergrund stehen.

In dem folgenden Schaubild sehen wir die drei Attribute, die es zu klären gilt, um unser Lebensziel, Erfolg und Lebensglück zu finden.

Zum einen muss ich wissen, was mein Anliegen, meine Talente und Fähigkeiten sind. Zum anderen muss ich mir darüber klar werden, in welche Richtung ich mich entwickeln möchte, wo meine Qualifikationen auf die Bedürfnisse in der Welt treffen. Wo liegen die Schnittmengen und wie finde ich diese? Und wie bringe ich diese so ins Wirken, dass ich einen Mehrwert schaffe und dadurch wirtschaftlichen Erfolg generieren kann?

Dann gibt es im Leben Höhen und Tiefen, Erfolge und Misserfolge. Wenn das Leben gelingt und trotzdem scheitert, wenn es beruflichen Erfolg gibt, aber die Ehe scheitert. Mit diesen Situationen umgehen zu lernen, um daraus gestärkt hervorgehen zu können, das ist eine weitere Kunst. Sie lässt sich unter dem Begriff Resilienz zusammenfassen.

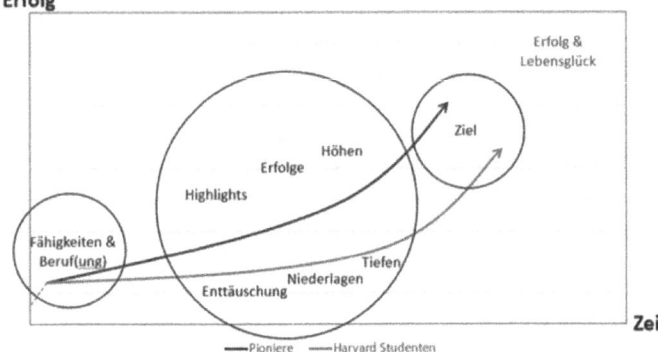

Durch unser Bildungssystem werden wir leider nur sehr begrenzt auf das Leben nach der Schule vorbereitet. Denn die heutigen Lehrinhalte orientieren sich grundsätzlich nicht an diesen Bedürfnissen. Orientieren sich nicht an dem, was unsere Talente sind, um diese verstärken und entwickeln zu können.

Was sind denn die Bedürfnisse der Welt? Darauf sind wir, vgl. dazu speziell Kapitel 2, 4 und 5, partiell schon eingegangen. Fassen wir noch einmal wesentliche Gedanken dazu zusammen: Die meisten Menschen sehnen sich heute nach einer Zeit ohne Manipulation, Lug und Betrug, einer Zeit der Einfachheit und einem harmonischen Umgang miteinander. Dadurch entsteht Neues, das besser ist. Wir können mit Beschwichtigungen, Ablenkungsmanövern und Hinhaltetaktiken den Fragen der heutigen Zeit nicht erfolgreich begegnen. Deshalb ist es nötig, still und aufmerksam zu sein und in uns hineinzuhorchen: Was verlangt das Leben von uns? Worum geht es uns? Was benötigen wir? Was wünschen wir uns wirklich?

Die Zukunft – vor allem im Hinblick auf die Bedürfnisse der Menschen auf unserem Planeten – ist Anlass und Ziel für jedes unternehmerische Handeln. Je lebendiger und offener wir uns den Zukunftsfragen widmen, desto erfolgreicher können wir diese gestalten. Gerade die gegenwärtigen Möglichkeiten wie hybrides Arbeiten, eine Hinwendung zu gesellschaftlich relevanten Arbeitsfeldern, um nur einige zu nennen, bieten uns dabei eine großartige Perspektive. Diese gilt es zu erkennen – welches sind die zugrunde-liegenden Bedürfnisse–, und welche Lösungen können dafür anbieten? Welche Lösungen sind am Markt oder bei uns Menschen gefragt und welche stimmen mit den in uns steckenden Talenten, Kernkompetenzen überein? Über welche besonderen Fähigkeiten verfügen wir in unserem Unternehmen, was machen unsere Mitarbeiter besonders gut? Dann müssen wir uns fragen, welche die Wachstumsmärkte der Zukunft sind, worin deren Basistechnologien bestehen und wie wir diese in unser Geschäftsfeld oder in unsere Tätigkeit integrieren können. Welche Produkte oder welches Dienstleistungsangebot entspricht unseren Kernkompetenzen und unserer Leidenschaft? Welche müssten wir noch dazubekommen, um einzigartige Lösungen zu schaffen?

Derzeit befinden wir uns im Wirtschaftszyklus Informationstechnologie mit der Basistechnologie IT. Trotz der noch revolutionierenden Entwicklungen wie KI, Virtual Reality, Augmented Reality oder Blockchaintechnologie geht dieser Zyklus in einen neuen über. Die Anschlussbasistechnologie Gesundheit und Service ist längst im Entstehen und bereits sehr weit fortgeschritten. Immer mehr Menschen spüren diesen neuen Trend und folgen ihm, entwickeln auf seiner Basis Geschäftsmodelle und haben damit Erfolg. Wir kommen in eine neue Zeit, und wer da mitgestalten will, der muss sich an den Bedürfnissen der Menschen und Organisationen orientieren und dafür diese passende Lösung anbieten. Das bedeutet, sich in die Wünsche der Menschen hineinzufühlen und sich in die neue Zeit hineinzutasten. Diese neue Zeit erfordert Klarheit, Vertrauen in das Leben, Unbefangenheit und Einfühlungsvermögen. Dazu ist ein Rahmen erforderlich, der durch gegenseitige Wertschätzung, Aufrichtigkeit und Authentizität bestimmt wird.

Die Zukunft gehört den Menschen und Unternehmen, die diese Bedürfnisse aufgreifen und in ihr Business integrieren. Sie gehört denjenigen, die mit den unumstößlichen Gesetzen der Natur, der Schöpfung, des Lebens kooperieren, anstatt dagegen anzukämpfen. Dabei gilt es, aus unterschiedlichen Wahrnehmungskanälen und -quellen zu schöpfen und diese symbiotisch so zusammenzufügen, dass daraus ökonomisch neue Wertschöpfungskonzepte entstehen. Solche, die finanzielles Auskommen und Lebensglück bieten.

Die Bewusstseinsökonomie schafft die Kultur dafür. Sie ist ein Wirtschaftssystem, das Werte wie Vertrauen, Miteinander und Wertschätzung zum Wertmaßstab macht und dadurch ein Unternehmertum schafft, das Gewinn und Lebensglück produziert. Sie bringt uns in einen neuen Bewusstseins- und Erkenntnisstand, der uns einen differenzierteren Blick auf unsere Welt, unsere Erkenntnis und unser Handeln schenkt. Ein Wirken, das eine ganz andere Art und Weise der Wahrnehmung entstehen lässt und das Potenzial für einen Megawachstumsmarkt hat. Einen Zukunftsmarkt, bei dem sich jeder Einzelne von uns als aktiver Teil und Mitgestalter der Gesellschaft einbringen kann. Jeder, egal aus welchem Kulturkreis er kommt.

Die Bewusstseinsökonomie ist ein Wirtschaftssystem, das eine Unternehmenskultur fördert, die auf ein Miteinander setzt und so Symbiosen entstehen lässt. Sie ist ein feines Geflecht von gegenseitig gestützten Entwicklungsmöglichkeiten, die auf Menschlichkeit, Wertschätzung und Miteinander setzen und so Kreativität und Lebensqualität freisetzen. National, international und in allen Kulturkreisen.

Kern der Bewusstseinsökonomie ist die Übereinstimmung von unserer intrinsischen Motivation, unserer Leidenschaft, der Berufung oder der sogenannte innere blinde Fleck, wie er in der Theorie U von Otto Scharmer beschrieben wird. Komplexe Herausforderungen bedürfen einer tiefgehenden Auseinandersetzung mit der eigenen Quelle des Handelns. Der Erfolg von Transformationsprozessen hängt von der inneren Haltung ab. Was können wir und welchen Lebensplan haben wir für uns erdacht?

Nehmen wir eine Tomate. Wenn wir einen Tomatenkern einpflanzen, wächst ein Tomatenstrauch und bringt reife Tomaten hervor. Dass dieser Prozess so ablaufen kann, dass sich Tomaten entwickeln, die hungrige Menschen satt machen beziehungsweise uns diese Frucht zum Genießen schenken, ist nur durch ein kleines Saatkorn möglich. In ihm ist alle Information vorhanden, um die reife Frucht wachsen zu lassen. Die Grundlage für dieses Wissen, dass dieser Entwicklungsprozess abläuft, bildet die DNA, der Bauplan, der der Zelle vermittelt, wozu sie da ist. In Kombination mit den Rahmenbedingungen – hier der Sonne, des Wassers und der Erde mit all ihren Mineralstoffen – entsteht die Tomatenfrucht. Ähnlich wie mit der Tomate verhält es sich mit jedem Lebewesen. Auch der Mensch ist Mensch aufgrund seiner DNA. Aber was ihn auszeichnet, ist sein Bewusstsein. Dieses Bewusstsein impliziert einen Wesenskern von uns Menschen: die Seele.

Zahlreiche Mystiker, wie Meister Eckhart oder Jakob Lorber, beschreiben die Seele als den Ort, in dem unsere Erfahrungen und unser Lebensplan stecken. Den Ort, in dem unsere Talente und Fähigkeiten abgespeichert sind, die wir mit in diese Welt gebracht haben. Deshalb geht es in der Bewusstseinsökonomie darum, diese Talente zu erkennen, sie an die Oberfläche des Bewusstseins zu holen und mit den Bedürfnissen der Welt in Einklang zu bringen. Welches ist die innere Sehnsucht, wohin zieht es mich, was mache ich besonders gern? Was treibt mich intrinsisch, von innen heraus an?

Nehmen wir den französischen Fotografen und Aktionskünstler JR (Juste Ridicule). Er beklebt Gebäude, ja ganze Straßenviertel mit Fotografien von Menschen, mit denen er gezielt auf Missstände in der Gesellschaft aufmerksam macht. Seine sozialkritischen Arbeiten sind heute auf der ganzen Welt gefragt. JR zählt seit den 2010er Jahren zu den populärsten Künstlern, richtet er doch den Fokus auf altbekannte Brennpunkte, indem er die dort ansässigen Menschen im gigantischen Maßstab zu den Protagonisten seiner Werke werden lässt.

Beispielsweise fotografierte er einen israelischen und einen palästinensischen Taxifahrer, klebte diese Bilder in Jerusalem an jene Mauer, die beide Länder trennt, und schrieb darunter: Wer ist

Freund, wer ist Feind? In den Favelas in Brasilien hatte er die Menschen fotografiert und groß auf ihre Häuser geklebt. Das Porträt einer Großmutter klebt auf einer meterhohen Treppe. Das Bild erzählt den Tod ihres jugendlichen Enkels, der von der Polizei aufgegriffen und erschossen wurde. In Berlin, wo sich Menschen, die schon seit langer Zeit in ihren Wohnungen leben, sich diese aber wegen der teuren Mieten immer weniger leisten können, hat er deren Gesichter riesengroß auf die Hauswände geklebt. In allen Fällen macht er auf die Ungerechtigkeiten aufmerksam, und genau das treibt ihn an. Seine innere Sehnsucht, den Finger in die Wunde zu legen, uns Dinge bewusst zu machen und zu verändern, treibt ihn an.

Als JR im Jahr 2000 eine alte Kamera in einer Pariser Metrostation fand, begann er damit, Schwarz-Weiß-Aufnahmen seiner Freunde beim Taggen (also während diese ihre Tags anbrachten) zu machen. Nachdem er seine besondere Fähigkeit erkannte und weiterentwickelte, ist er heute ein erfolgreicher Künstler. Seine Leidenschaft, seine Berufung wurde so zum Beruf.

Dieser Weg des Bewusstmachens beim Wirtschaften bietet uns eine unglaublich gute Zukunft, wenn wir Menschen in diese bewusste Denkhaltung kommen und die Wertschöpfungsketten intrinsisch an unseren wirklichen Bedürfnissen ausrichten. Das Problem dabei ist, die meisten Menschen haben gar keine Vorstellung von ihren Bedürfnissen, ihre Interessen orientieren sich an ganz anderen Themen. Denn unsere Erziehung und Ausbildung hat uns etwas ganz anderes gelehrt. Erfolg, Egoismus, Eigenvorteil oder viel Geld zu haben, ist für die meisten Menschen heute wichtig und erstrebenswert. Deshalb benötigen wir einen Mechanismus, der die Menschen in die Richtung des neuen Wirtschaftssystems, der Bewusstseinsökonomie, bringt.

Im folgenden Schaubild steht als oberstes Ziel Erfolg, was sich die meisten Menschen wünschen und was im Zentrum deren Strebens steht. Diesen „Erfolg" finden wir, indem wir unsere Talente ins Wirken bringen und mit den Bedürfnissen der Menschen, Unternehmen oder der Gesellschaft so verbinden, dass Vorteile für diese entstehen. Dazu ist es nötig, dass wir unsere Talente zunächst erkennen. Welches sind meine Talente wirklich, was kann ich besonders gut oder was ist meine Sehnsucht oder Leidenschaft? Indem ich mich mit diesem Thema intensiv auseinandersetze, bekomme ich mehr Verständnis für mich selbst. Woher komme ich, warum bin ich auf der Welt und was möchte ich hier bewirken?

In diesem Prozess ist es hilfreich, Menschen, Unternehmen oder Organisationen einzubinden, die darin Erfahrung haben und offen sind im Denken: in unterschiedlichen Herangehensweisen sowohl in der Bewusstseinsarbeit als auch im betriebswirtschaftlichen Kontext. Ich arbeite hier mit dem von mir entwickelten integrativen System Integratio©. Durch empathisch mäeutische Fragestellung, das heißt die Kunst, durch Fragen zielführende Antworten zu finden, gepaart mit strategischen Portfolios lassen sich passende Lösungen finden. Dabei wird der Prozess zum Weg und Ziel und so entsteht diejenige Denkweise, die nötig ist für die neuen Lösungen. Prof. Dr.-Ing. Reiner Hartenstein meinte dazu: „Unser […] Gespräch fand ich sehr produktiv, weil Sie das unschätzbare Talent haben, auf sehr produktive Weise die richtigen Fragen zu stellen."

Die Kurve beschreibt den Entwicklungsprozess auf dem Weg zum Erfolg. Das ist vermutlich ein schrittweise erfolgender Weg, abhängig von der jeweiligen Entwicklungsstufe und dem Reifeprozess, in dem sich der Suchende befindet. Er beschäftigt sich intensiv mit sich selbst, seiner Sehnsucht, kommt so voran im Sichbewusstwerden und findet seine Berufung. Die Kunst ist es dann, dafür die richtige Beschäftigung, Arbeit oder auch unternehmerisches Wirken zu finden. Wie kann der Zielmarkt dafür aussehen? Wer kann meine Zielgruppe sein, für die ich mit meinen Fähigkeiten Einzigartiges bieten kann? Dieser Prozess verläuft in Entwicklungsstufen, das heißt schrittweise nach Intensität, Offenheit und authentischem Engagement. Ihn stellen die schwarz gepunkteten Pfeile dar. Wir wachsen im Erkenntnisprozess, und unsere Lösungen werden immer besser und wirkungsvoller. Wichtig ist es, sorgfältig zu erkennen beziehungsweise zu analysieren: Woher komme ich, welche sind meine Talente, die ich hier verwirklichen möchte? Was ist das Marktsegment, das ich bedienen möchte? Diesen parallelen Weg – einerseits des Bewusstweidens und andererseits die Talente in ein ökonomisches Nutzenpaket zu bringen, ist die Kunst. So einfach und dennoch so anspruchsvoll.

Auf diesem Weg wird der Suchende feststellen, dass sich die Sichtweise auf sein Leben verändert. Er wird sich seiner selbst, seiner Herkunft und seines Lebensziels bewusster. So kommt er mehr und mehr ins Verständnis für diese wunderbare Welt, geschaffen von einer Intelligenz, die größer ist als wir, vielfältig faszinierend. Die grob gestrichelte Kurve stellt dafür den Entwicklungsprozess dar, den wir Menschen dabei durchlaufen. Der Mensch wird sich bewusster und wächst in seinem Bewusstsein. Gleichzeitig versteht er auf diesem Weg immer besser, seine Talente ins Wirken zu bringen.

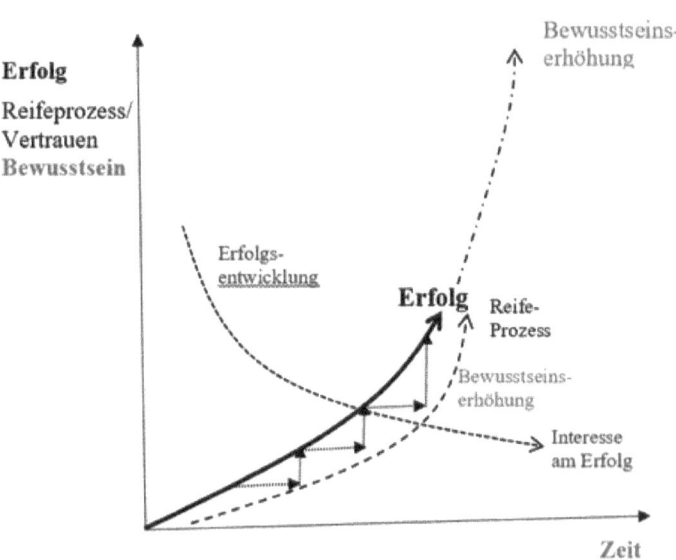

Agenda:
⟶ Erfolgsentwicklung
- - -➤ Reifeprozess + Bewusstseinserhöhung
------➤ Erfolgsentwicklung und Erfolgsorientierung
- · - ·➤ Bewusstseinserhöhung durch neue Wertschöpfung

Zu Beginn des Prozesses steht der wirtschaftlich-finanzielle Erfolg im Zentrum des Denkens und Handelns. Je mehr wir uns aber unser selbst bewusst werden, desto mehr stellen wir fest, dass es etwas weit Wichtigeres und Schöneres gibt auf dieser Welt als alles Materielle. Diesen Prozess stellt die feingestrichelte Kurve dar. Der monetäre Erfolg weicht mehr und mehr dem Bewusstsein, einem Verständnis für all das, was uns bewusst ist, und der höheren Intelligenz, die all das geschaffen hat.

Ich bin Betriebswirtschaftler durch und durch. Zu Beginn meiner Ausbildung habe ich einen Test bei dem Jesuitenpater Johannes Jeran durchlaufen, wofür ich mich eigne. Ich hatte damals die Betriebswirtschaft als mein Ziel ausgesucht und angegeben, und genau das hat sich in dem Test voll und ganz bestätigt. Mit seiner Auswertung sagte er mir damals, dass jeder einzelne Punkt der über hundert Fragen dafür sprechen würde. So etwas hätte er noch nie erlebt.

Auf der anderen Seite bin ich zu 100 Prozent ein Mensch und Philanthrop, der ebenso Suchender und tief im Ursprung unserer Schöpfung verwurzelt ist. Ich gehe seit meiner Gymnasialzeit immer wieder ins Kloster, setze mich intensiv mit den spirituellen Themen auseinander, und das hat meinen Reifeprozess und meine Entwicklung maßgeblich beeinflusst. In den letzten Jahren habe ich immer mehr Menschen kennenlernen dürfen, die mir zum Mentor geworden sind. Dazu zählen Freunde wie Michael Schorn, der mir sein reifes Verständnis vermittelt und mich in bestimmte Literatur eingeführt hat. Dazu zählen Bücher wie *Das unpersönliche Leben*, *Das Tor zur Unendlichkeit* von Ruby Nelson oder die *Seelenverträge* von Sarinah Aurelia. Die vielen Gespräche in den letzten Jahren haben mich sehr tief ins Verständnis für eine ganzheitliche Betrachtung des Lebens und seiner Prozesse gebracht. Dazu zähle ich auch das Buch *Das LOL²A-Prinzip* von René Egli. In verständlicher Sprache formuliert er „Die Vollkommenheit der Welt", worauf es ankommt im Leben und wie wir aus diesem Bewusstsein heraus unser Leben einfacher gestalten können. Seine Botschaft lautet Loslassen – Lieben – Aktion = Reaktion. Sein Buch kann ich Ihnen sehr empfehlen.

Mein Business heute lebt von dieser Verbindung, dem tiefen betriebswirtschaftlich-technischen Verständnis als auch dieser Vertrauens- und Bewusstseinsarbeit. Und diesen Entwicklungsprozess spüren, immer mehr verstehen zu dürfen, das ist das Schönste in meinem Leben. Und wenn Sie mich fragen, worin ich meine Berufung sehe, dann sage ich Ihnen: Mein tiefes inneres Anliegen ist es, uns Menschen, die Menschheit insgesamt in eine höhere Bewusstseinsebene zu führen.

Die meisten Menschen sehnen sich vordergründig nach Erfolg, finanziell und materiell. Es ist keinesfalls verwerflich, denn materielles Auskommen und ein bestimmtes finanzielles Polster sind essenziell. Aus der Glücksforschung und Psychologie weiß man mittlerweile jedoch, dass die Ausrichtung im Außen immer dann dominiert und im Zentrum des Lebens steht, wenn Sinnhaftigkeit fehlt oder eine innere Leere vorhanden ist. Daher ist eine wesentliche Frage, wie die Menschen in einen tieferen Bewusstseinsprozess geführt werden können, bei dem das Finanziell-Materielle nicht mehr so vordergründig ist, sondern als ein Teil unseres Lebensglücks verstanden wird, der jedoch durch viele weitere Teile ergänzt werden kann, ja muss, um als Mensch ganzheitlich im Leben zu stehen.

Und diese Frage muss unser Inneres erreichen. Hier bietet sich die Bewusstseinsökonomie als eine gute Möglichkeit an, in die Harmonie des Lebens zu gelangen, bei dem die Talente und besonderen Fähigkeiten des Menschen zur Geltung kommen und der Gemeinschaft zugutekommen. In diesem Prozess werden wir uns bewusst, wo wir herkommen und wohin die Reise gehen soll, um das unbegrenzte qualitative Wachstum, das uns das Universum ermöglicht, anzunehmen. Die Menschheit in dieses Bewusstsein zu führen, darin sehe ich meine Berufung.

„Probleme kann man niemals mit derselben Denkweise lösen, durch die sie entstanden sind", so Albert Einstein. Hierfür müssen wir unser Denksystem umstellen, öffnen und ohne Vorurteile Neues implizieren lernen. Dabei können die Bedürfnisse der Zielgruppen und des Marktes in außergewöhnlicher Art und Weise neu miteinander verbunden werden. Das ist der Schlüssel zum Erfolg.

Scheinbar nicht zusammengehörende Dinge so zusammenführen, dass diese sich dadurch gut ergänzen und stärken. Das bedeutet, bewährte Vorgehensweisen mit neuen Wegen so zu kombinieren, dass sie zu einzigartigen und ganzheitlichen Lösungen führen, gerade in schwierigen Märkten.

Wie wir in dem Wachstumsstrategieportfolio Abbildung 2 erfahren, geht es darum, diejenigen Märkte zu identifizieren, in denen unsere Fähigkeiten und Talente am wirkungsvollsten eingebracht werden können. Es gilt, diejenigen Zielgruppen zu finden, deren Bedürfnisse unserem Potenzial am wirkungsvollsten entsprechen, und dafür dann die passenden Produkte oder Dienstleistungen anzubieten.

Zukunftsfähige Unternehmen brauchen die Fähigkeit, flexibel auf die globalen Veränderungen reagieren zu können. Besonders langlebige Unternehmen, die bereits durch Krisen gegangen sind, verfügen über eine kollektive Identität, eine Reihe gemeinsamer Werte sowie ein stark ausgeprägtes Gemeinschaftsgefühl. Die Bewusstseinsökonomie verbindet genau diese Werte symbiotisch mit dem Geschäftsmodell. So entsteht eine wertschätzende und sich gegenseitig fördernde Kultur zwischen Kunden, Mitarbeitern und Unternehmen. Eine symbiotische Verbindung, die Ökonomie und eine neue Kultur des Glaubens und Vertrauens zu ganzheitlich wertsteigernden und profitablen Lösungen führt. Weltweit. Die Ziele sind Wertschöpfungskonzepte und Geschäftsmodelle, die holistisch-ganzheitlich, ertragsorientiert und bewusst konzipiert sind.

Die Soziale Marktwirtschaft ist ein gesellschafts- und wirtschaftspolitisches Leitbild mit dem Ziel, „auf der Basis der Wettbewerbswirtschaft die freie Initiative mit einem gerade durch die wirtschaftliche Leistung gesicherten sozialen Fortschritt zu verbinden". Gut umgesetzt schafft sie insbesondere soziale und politische Sicherheit sowie einen hohen Lebensstandard. Doch die Realität sieht anders aus. Deshalb müssen wir unser Wirtschafts- und Gesellschaftssystem ganzheitlich denken lernen.

Das ganzheitlich-symbiotische Zusammenwirken schafft ein hohes Maß an Innovationskraft, wirtschaftlichen Erfolg und Lebensglück. Unternehmen und Mitarbeiter inspirieren andere dazu, es ebenso zu tun, und werden so zum Maßstab für Wirtschaft, Gesellschaft und Politik.

Steven Hawking hat gesagt, dass jeder, der sich mit Naturwissenschaft ernsthaft auseinandersetzt, irgendwann zu der Erkenntnis kommen muss, dass es etwas Intelligenteres geben muss als uns Menschen. Schließlich wird in der Bewusstseinsökonomie aufgezeigt, wie wir diese „höhere Intelligenz" und die dahinter steckende Absicht kennenlernen und in unser Leben integrieren. Daniel Goleman, ein Psychologe, der sich mit diesem Themenbereich intensiv auseinandergesetzt hat, meint dazu: „Ein aufgeschlossenes Bewusstsein schafft eine mentale Plattform für kreative Durchbrüche und unerwartete Einsichten." Er beschreibt damit nichts anderes als das Serendipity-Prinzip.

> *„Die Serendipität bezeichnet eine zufällige Beobachtung von etwas ursprünglich nicht Gesuchtem, das sich als neue und überraschende Entdeckung erweist."[10] Es geht darum, Bedeutsames zu entdecken, ohne dass wir es darauf anlegen. Die Serendipität betont dabei eine über einen glücklichen Zufall hinausgehende Vorgehensweise, eine intelligente Schlussfolgerung oder Findigkeit.*

Wenn Mensch, Aufgabe, Innovationskultur und Vertrauen holistisch zusammenpassen, dann entstehen einzigartige Lösungen. Ganzheitlich zuhören, hinschauen, weiterdenken und so zu ganzheitlich neuer Kreativität finden. So schaffen wir Lösungen, die außergewöhnliches Potenzial haben. Chancen gibt es viele, wir müssen diese erkennen und konsequent nutzen. Auf diese Weise kann sich jeder und jedes Unternehmen stetig erfolgreich positionieren.

Möglicherweise gibt es auch einen anderen Weg, den Sie vielleicht auch schon selbst erlebt haben: Man sucht eifrig nach etwas und findet etwas anderes, Bedeutsames, nach dem man aber nicht gesucht hat. Das Serendipity-Prinzip oder auf Deutsch das Serendipizitätsprinzip beschreibt solche zufälligen Entdeckungen, die nicht geplant waren, aber aus einer anderen Suche überraschend zutage treten.

Manchmal bieten sich so zum Beispiel in Krisensituationen neue Möglichkeiten, Chancen, die man zunächst gar nicht wahrgenommen hat. Vieles in der außergewöhnlichen politischen Karriere von Kamela Harris etwa war nicht planbar – so wie es einige Nummern kleiner für die meisten von uns auch gilt. Immer wieder traf die Juristin Harris durch Zufall auf Menschen, in denen sie das Potenzial exzellenter Mentoren erkannte und nutzte, um beruflich voranzukommen. In einem Interview für das *Alta Journal* äußert Harris in Bezug auf ihre Karriere: „Total serendipity – things just happen." Übrigens ist Harris umgekehrt auch Mentorin für zahlreiche andere Menschen – und Mentorenschaft gilt als ein wirkungsvoller Resilienzfaktor, also als Technik zur Steigerung der eigenen Widerstandsfähigkeit.

Pablo Picasso drückt das so aus: „Suchen – das ist Ausgehen von alten Beständen und ein Findenwollen von bereits Bekanntem im Neuen. Finden – das ist das völlig Neue! Das Neue auch in der Bewegung. Alle Wege sind offen, und was gefunden wird, ist unbekannt. Es ist ein Wagnis, ein heiliges Abenteuer!"

Kapitel 8
Veränderung in der Wirt-
schaft gestalten

„Niemals war die Überlebensfähigkeit der Menschen so stark abhängig von einer radikalen Umgestaltung der Herzen", schrieb
Erich Fromm in seinem Buch *Haben oder Sein* (1976): Und wenn
wir elementare Tugenden wie Nächstenliebe und Vertrauen ins
Zentrum unseres Handelns stellen, dann erreichen wir jene Kultur des Miteinanders, die uns großartige Chancen auf eine positive Zukunft bietet. Eine Zukunft, geprägt von materiellem Auskommen und einem hohen Maß an Lebensqualität. Doch dazu
benötigen wir ein generelles Umdenken des Einzelnen sowie der
Akteure in Wirtschaft und Gesellschaft. Wir brauchen Menschen
mit Herzensbildung und Sozialkompetenz; viele derjenigen, die
heute wenig Beachtung in Wirtschaft und Finanzwelt finden.
Diese Menschen sollen in vielfältige Entwicklungsprozesse eingebunden werden. Wie das funktioniert, finden Sie in meinem
Buch *Faszination Zukunft. Die Tugendstrategie* beschrieben. Dort
gehe ich auf die materielle Orientierung in unserer Welt ein, die
ihre Schattenseite auf der persönlichen und sozialen Ebene hat.
Das Buch greift dies als Chance auf und motiviert uns, neue Wege
zu gehen, indem wir uns unserer Werte wieder bewusster werden
und sie ins Zentrum unseres Handelns in Wirtschaft und Gesellschaft stellen. Es baut auf einem zutiefst sozialen Menschenbild
auf und motiviert den Leser zum Traum von einer Zukunft, die
wirtschaftlichen Erfolg und menschliche Wärme als Einheit versteht.

Eine Frage der Kultur: Unternehmen erfolgreich machen

„Dafür gibt es kein Drehbuch", sagte Olaf Scholz angesichts der Herausforderung, die Pandemie zu meistern. Mit dieser Aussage trifft er den Nagel auf den Kopf. Denn Corona macht das „neue Normal" offensichtlich, das im Managementsprech mit VUCA (Akronym für die englischen Begriffe volatility (Volatilität), uncertainty (Unsicherheit), complexity (Komplexität) und ambiguity (Mehrdeutigkeit)) abgekürzt wird und bedeutet, dass wir in einer Zeit leben, in der alles flüchtiger, ungewisser, komplexer und unübersichtlicher geworden ist. Der Kontext hat sich geändert, weshalb ein „Weiter wie bisher" weder zielführend noch erfolgversprechend sein kann.

Unternehmen machen ganz ähnliche Erfahrungen, wenn sie die großen Themen der sozialökologischen Transformation, der Digitalisierung und schließlich der Zusammenarbeit von Mensch und künstlicher Intelligenz anpacken. Dabei spielt Kultur eine zentrale Rolle. Sie ist erfolgsrelevant, wie schon Peter Drucker, ein US-amerikanischer Pionier der modernen Managementlehre, festgestellt hat: „Culture eats strategy for breakfast!" Man darf diesen legendären Satz sicherlich auch so deuten, dass es strategisch höchst klug ist, an der Kultur eines Unternehmens zu arbeiten, um wirtschaftlich gut aufgestellt zu sein.

Kulturschaffend tätig sein

Diese Erkenntnis findet verstärkt Zustimmung. Zu den harten Fakten gehört, dass gerade die weichen Faktoren den entscheidenden Unterschied ausmachen. Oder, um es mit Albert Einstein zu formulieren: „Nicht alles, was zählt, ist messbar, und nicht alles, was messbar ist, zählt." Konkreter zeigen die Motivationsforschung und nicht zuletzt die Neurowissenschaften, dass gerade die Unternehmen zu den Topperformern gehören, die ein Klima des Vertrauens[1], der Sicherheit, der Wertschätzung und Fairness schaffen, die ihren Mitarbeitern Raum geben, selbstbestimmt ihr Potenzial zu entfalten, die Ideen fördern und Sinn stiften.

Die genannten Erfolgskriterien sind allesamt Ausdruck von Kultur. Sie zeigen, welcher Wind in einem Unternehmen weht und welcher Geist dort herrscht. Kultur ist die Stellschraube zum Erfolg! Diese Einsicht lässt die von Milton Friedmans Diktum „The business of business is business" in Gang gebrachte Reduktion auf harte KPIs ziemlich alt aussehen. *New Work needs Inner Work*, wie ein Buchtitel treffend formuliert.[2] Wie wahr! Diese Arbeit am Inneren ist Arbeit an der Kultur, und die wiederum hat mit Haltung zu tun.

Warum gerade jetzt?

Ein richtiger Booster für diese Einsicht sind die vielfältigen Umbrüche, die eine neue Form des Arbeitens und Wirtschaftens initiieren: allen voran die Disruption, die viele Branchen dazu bringt, sich neu zu erfinden und dabei primär auf Werte wie Innovation, Schnelligkeit, Selbststeuerung, Agilität, Eigenverantwortung und Zutrauen in die Mitarbeiter zu setzen. Durch das bislang allzu gern gepflegte Silodenken, den oftmals mit großer Hingabe zelebrierten Bürokratismus oder auch steile Hierarchien mit viel zu langen Entscheidungswegen wird das stattdessen blockiert. Hinzu kommt, dass der Wandel eine neue Form von Führung braucht, die auf Empowerment setzt und sich durch Haltung, Glaubwürdigkeit, Integrität und eine gute Performance legitimieren muss, entscheiden doch heute die Mitarbeiter, wem sie folgen.

Zudem wollen immer mehr Menschen, vor allem aber die Gen Y und Z Arbeit mit Sinn. Sie suchen sich bewusst Unternehmen aus, die sie von ihren Produkten und Dienstleistungen, aber auch von ihrer Haltung überzeugen und eine Passung zu ihren eigenen Werten darstellen. Ihr Anspruch heißt nicht nur Geldverdienen. Sie wünschen sich vielmehr eine erfüllende, weil aus ihrer Sicht sinnvolle Aufgabe, die Spaß macht. Sie möchten mit ihrem Job ihre Berufung leben, einen gesellschaftlichen Impact erzeugen bzw. das Leben anderer positiv beeinflussen und damit nicht zuletzt ihrem Sinn im Leben ein Stück näherkommen. Neben diesem Cultural Fit ist für sie ein überzeugend nach innen wie außen gelebter Purpose[3] maßgeblich.

Kultur wandeln – Wertschöpfung erzielen

Längst ist also Kultur das Zünglein an der Waage und macht den Unterschied zwischen Dienst nach Vorschrift und Commitment. Entsprechend ist die Arbeit an der Unternehmenskultur eine wertschöpfende Aufgabe, die die Zukunft sichert. Akteure des Wandels tun gut daran, sich der Kultur zu widmen, hängt es doch wesentlich von ihr ab, ob die Transformation gelingt oder nicht. Je digitaler, desto menschlicher – muss die Maxime heißen! Stimmt die Kultur, kommt der Erfolg.

Kulturwandel heißt aber nicht, alles Bisherige zu verwerfen. Vielmehr ist eine kritische und zugleich wertschätzende Auseinandersetzung mit der überkommenen Kultur nötig. Sie hat das Unternehmen schließlich bis hierher gebracht. Viele Erfolge sind ihr Resultat. Alles über Bord zu werfen, ist nicht nur mit Blick auf die Geschichte, sondern vor allem auch die Menschen, die bislang ihr Bestes gegeben und das Unternehmen nach bestem Wissen und Gewissen geprägt haben, ziemlich unvorteilhaft. Es empfiehlt sich ein Vorgehen, das sorgfältig reflektierend das Gute behält und das dankbar zurücklässt, was den Boden des bisherigen Erfolgs bereitet hat, ohne jedoch die richtige Ausrüstung für die nächste Etappe zu bieten.

Kultur – Spirit – Soul

Kultur ist, das sollten wir uns bewusst machen, an sich dynamisch. Im Gegensatz zur Natur, die vorgefunden wird, geschieht Kultur durch menschliche Interaktion. Sie wird gestaltet und weiterentwickelt, angepasst und umgeformt. Kultur ist Gestaltungsraum der Freiheit und als solche stets im Werden. Insofern trägt sie die Spuren des Wandels ebenso wie die des Bewährten. Sie ist gezeichnet vom Überwinden von Widerständen und vom Verwerfen dessen, was nicht mehr zukunftsfähig ist. Kultur ist ein vielfältig komplexes und keineswegs starres Gebilde. Davon zeugen die im Englischen gebräuchlichen Begriffe Corporate Spirit und Corporate Soul.[4] Jedes Unternehmen hat eine Persönlichkeit, die durch bestimmte Merkmale und Eigenschaften gekennzeichnet ist. Die Corporate Soul ist dabei das wesentliche Charakteristikum eines Unternehmens und bildet den Wesenskern. Beide bringen das belebende Moment von Kultur zum Ausdruck und sind ein Hinweis darauf, dass Kultur die Wirkmacht hat, ein Unternehmen zu vitalisieren oder es absterben zu lassen.

Allein schon diese wenigen Ausführungen unterstreichen, dass Kultur nichts Randständiges ist, das neben dem eigentlichen Business auch noch mitgemacht werden muss. Sie ist stattdessen die belebende Kraft des Unternehmens. Weil das so ist, muss die Kultur Chefsache sein und der Impuls muss von oben kommen.

Startertipps für Kulturwandler

Damit Sie gleich mit der Arbeit an der Kultur in Ihrem Unternehmen loslegen können, finden Sie hier eine praxiserprobte Methode, um schon in drei Schritten eine erste Wirkung zu erzielen. Klären Sie die Sinnfrage, erarbeiten Sie eine Shared Vision und definieren Sie Ihre Werte. So geht das konkret:

Sinn machen: Why – Warum

Fangen Sie damit an, die Sinnfrage für Ihr Unternehmen zu stellen und schlüssig zu beantworten. Der Unternehmensberater Simon Sinek zeigt uns, wie das am besten geht, indem er uns ein Wort mit großer Wirkung an die Hand gibt: Why – Warum? Die richtigen Antworten auf diese begründende wie finale Sinnfrage zu finden, ist existenziell. Im persönlichen Leben wie im Unternehmen. Einige der vielen Varianten dieser Sinnfrage könnten heißen: „Warum gibt es uns?" „Warum soll es uns überhaupt geben?", „Warum müsste man uns erfinden, wenn es uns nicht schon geben würde?", „Warum tun wir das, was wir machen, gerade so und nicht anders?" So stellen Sie Tiefenbohrungen an und gehen dem Sinn auf den Grund. Die Ziele erkunden Sie mit den Fragewörtern wozu und wofür: „Wozu machen wir das Ganze überhaupt?" „Wofür stehen wir?" „Wofür legen wir uns ins Zeug und geben jeden Tag unser Bestes?" Ihnen fallen sicher noch andere Varianten ein, mit denen Sie dem Spirit in Ihrem Unternehmen auf die Spur kommen können. Die Antworten geben Ihrem Team nicht nur eine große Portion an Energie, sondern sind auch Ausdruck der Haltung, die charakteristisch für Ihr Unternehmen ist.

Starten Sie einen Prozess, um Antworten auf diese Sinnfrage zu finden. Sie werden überrascht sein. Und ja – Sinnstiftung ist eine unternehmerische Tätigkeit. Nicht bloß ein gehyptes Add-on oder ein langweiliger Zeitvertreib im multioptionalen Orientierungsdschungel postmoderner Beliebigkeit, sondern eine richtig ertragreiche Arbeit, die sich in barer Münze auszahlt. Belohnt wird diese Anstrengung damit, dass Sie Klarheit und Orientierung haben und damit auch Sicherheit und Verbindlichkeit. Ihr Why ist wie der Nordstern am Himmel, an dem sich Ihre Navigation orientiert. Gerade in den schwierigen Zeiten des Umbruchs, wo vieles unwägbar ist.

Beteiligung schaffen: Shared Vision

Der erste Schritt in Ihrer Kulturarbeit ist getan, indem die Sinnfrage geklärt wird. Nun steht an, aus Ihrem Unternehmens-Why eine echte Shared Vision zu machen. Ein Vision- und Mission-Statement ist an sich nichts Neues. Neu ist jedoch der Anspruch, dass es eine gemeinsam gefundene Vision ist, erarbeitet in einem partizipativen Prozess. In Wirklichkeit sieht es oft so aus, dass die Vision, die mit viel Euphorie angefangen, später dann an eine Marketingagentur outgesourct unter „Über uns" auf der Website steht oder in schönen Hochglanzbroschüren aufgeschrieben ist, bald in irgendeiner Schublade verschwindet.

Damit eine Vision Kraft entfalten kann, muss sie gemeinsam erarbeitet werden. Das Miteinander zählt. Es geht um Partizipation. Wenn einer allein eine Vision hat, wird sie verpuffen. So schön die Worte auch klingen mögen, so richtig sie auch sind, sie haben kaum eine Chance, rezipiert zu werden. Denn wer unbeteiligt ist, bleibt unberührt. Auf den Philippinen habe ich dazu von einem Pfarrer, der seine Gemeinde zukunftsfähig machen wollte, gelernt: „A vision can not be taught, a vision has to be caught!" Sie von oben herab zu verordnen, hat keinerlei Erfolg. Sie muss gemeinsam entdeckt werden, um Wirkung zu entfalten.

Investieren Sie Zeit, um miteinander zu überlegen, was dem Unternehmen den nötigen Drive gibt, und erarbeiten Sie daraus ohne viel Marketingschnickschnack eine ehrliche wie passende Shared Vision. Und wichtig: Arbeiten Sie Tag für Tag damit. Das schafft Zusammenhalt und gibt Sicherheit, um unter VUCA-Bedingungen gut zu navigieren.

Gold schürfen: Werte entdecken

Der dritte Schritt Ihrer Arbeit an der Unternehmenskultur ist es, sich um die Werte zu kümmern. Damit sind nicht Messwerte, Richtwerte oder Vermögenswerte gemeint. Es geht um Grundsätzlicheres. Wir schauen auf die Werte, die die DNA der Unternehmenskultur bilden und schließlich dazu beitragen, dass die zu beziffernden Werte passen. Manchen fällt es vielleicht schwer, sich etwas unter Werten vorzustellen. Sie klingen abstrakt. Versuchen wir es einmal damit: Werte sind die immateriellen Schätze eines Unternehmens. In ihnen zeigt sich, was dieser Organisation besonders kostbar und wertvoll ist.

Die großen Philosophen der Antike, allen voran Aristoteles, haben die Werte mit dem Streben nach dem Guten, also dem gelingenden und glücklichen Leben verbunden. Aus der Sicht der Biologie sind Werte Erfolgsrezepte. Sie stehen für das, was sich im Laufe der Evolution bewährt und fortan das Überleben gesichert hat. Die bildgebenden Verfahren der Hirnforschung zeigen, dass das Wertebewusstsein ebenso wie das Entscheidungszentrum für sittliches Handeln im Frontallappen verortet ist, der immer dann aktiv ist, wenn es um Einstellungen, Überzeugungen und Haltung geht oder um Abwägungen in einem moralischen Dilemma.

Eine große Besonderheit haben Werte: Sie entwickeln ihre grammatikalische Form als Hauptwort erst, indem sie getan werden! Werte sind nämlich, noch ehe sie ein Nomen werden, zuallererst Tunwörter. Das heißt, sie müssen getan, entfaltet, gelebt werden, damit sie Hauptwort sein können. Ohne Handlung sind sie leblos und folglich vor allem auch wirkungslos. Daran schließt sich an, dass Werte nicht als Zierrat taugen. Sie eignen sich nicht zum schönen Schein und sind entwertet, wenn es am Wert fehlt, sie wertzuschätzen und ins Leben zu bringen.

Werte gehören zu dem, was ein Unternehmen so richtig wertvoll macht. Deshalb lohnt es sich, auf Schatzsuche zu gehen und diese Kostbarkeiten zu entdecken. Drei Fragen helfen Ihnen dabei, die Werte in Ihrem Unternehmen zu finden: „Wie ticken wir?", „Wie gehen wir miteinander um?", „Was ist uns wirklich wichtig?" Stellen Sie Ihrem Team diese Fragen, sammeln Sie die Antworten, tauschen Sie sich darüber aus und halten Sie fest, was unter den jeweiligen Werten verstanden wird. Diese Arbeit ist wie Gold schürfen.

Wie diese Notizen schon erahnen lassen, ist das Wertemanagement ein besonders ertragreicher Aspekt der Arbeit an der Unternehmenskultur, die wir als Kerngeschäft von Führung verstehen möchten. Bei Werten geht es buchstäblich ums Eingemachte.

Menschen haben im Lauf der Zeit ein sehr feines Gespür entwickelt, ob ein Verhalten echt, authentisch und glaubwürdig ist; ob Worte und Taten übereinstimmen. „Walk your talk" ist die Maxime. Innen und Außen müssen zusammenpassen, damit das Ganze überzeugt. Die Glaubwürdigkeit ist dahin, wenn Werte nur als Werbebotschaften verwendet werden, ohne das gegebene Versprechen zu halten. Schall und Rauch. Dahin der gute Ruf. Stattdessen ein riesengroßer Imageschaden: Außen hui und innen pfui.

Um die existenzielle Bedeutung von Werten abschließend noch einmal zu unterstreichen, sei daran erinnert, dass Wert und Würde etymologisch miteinander verwandt sind. Das englische Wort

„values" kommt vom Lateinischen „valere" mit der Bedeutung: gesund sein, sich wohl befinden, etwas gelten, einen Wert haben. Werte haben das Zeug, erfolgswirksam zu sein. Sie wirken hinein in die Organisation und strahlen aus.

Das Farbenspiel der Werte

„What's different now?" Für diese Frage war Eric Schmidt, der ehemalige CEO von Google bekannt. In diesem Satz steckt nicht nur der beharrliche Anspruch, einen feinen Spürsinn für Veränderungen zu entwickeln und wirkmächtig zu sein, das heißt im Idealfall einen Unterschied zum je Besseren zu machen, sondern auch die Erkenntnis, dass manche Herausforderungen nicht nach den bisherigen Lösungsmustern bewältigt werden können: Neues Denken, neue Werkzeuge und neues Handeln sind dann erforderlich. Heute stehen wir vor vielen Situationen, die wir mit den bisherigen Mitteln nicht lösen können. Genau deshalb steht Transformation ganz oben auf der Agenda.

Nichts ist beständiger als der Wandel. Das Leben als solches ist ständig in Veränderung. Mit diesem Phänomen hat sich auch Clare Graves beschäftigt, der mit seiner Theorie der „Spiral Dynamics" eine Art Mastercode dafür gefunden hat, was Menschen antreibt und warum sie etwas für stimmig halten oder nicht. Seiner Forschung nach sind es gerade die Werte, die anzeigen, wofür jemand steht. Menschen ändern sich und finden mit der Zeit neue Werte attraktiver. Ihre Persönlichkeit entwickelt sich, wobei immer dann eine Phase der Neuorientierung anbricht, wenn das Bisherige nicht mehr erfüllend erscheint. Dieses Modell ist kulturinvariant und gilt überall auf der Welt. Es lässt sich auf Individuen und Unternehmen anwenden.[5]

Praktisch: 9 Levels of Value Systems

Mit 9 Levels of Value Systems liegt inzwischen ein wissenschaftlich überprüftes Tool der Graves'schen Theorie für den Einsatz in der Praxis vor. Mit ihm können die Werte eines Unternehmens gemessen werden, um mit diesem Ergebnis den angestrebten Wandel anzustoßen und zu steuern. Da es ein sehr wirkmächtiges Werkzeug ist, sei es hier richtungsweisend vorgestellt.

Wie der Name verrät, gibt es neun durch unterschiedliche Farben gekennzeichnete Stufen, die für je verschiedene Wertepräferenzen stehen. Im Business sind Purpur, Rot, Blau, Orange, Grün, Gelb und schließlich Türkis relevant. Jedes Unternehmen ist wie ein bunter Hund einzigartig gefärbt. Mal mehr rot, mal mehr blau mit viel oder auch wenig orange. Mit grünen, gelben und purpurnen Flecken. Vielzählige Kombinationen sind möglich. Nichts ist besser, nichts ist schlechter. Einfach nur anders bunt.

Den Farbcode entziffern

Wenn jedes Unternehmen eine sehr individuelle bunte Werte-DNA hat, ist es interessant, die Bedeutung dieses Farbenspiels zu dechiffrieren: Eine Unternehmenskultur in Purpur steht für Zusammenhalt, Zugehörigkeit und eine familiäre Atmosphäre, in der die Autorität des Chefs nicht infrage gestellt wird. Rot symbolisiert eine strenge Hierarchie, an deren Spitze der Stärkste steht. Man geht in den Wettbewerb und möchte um jeden Preis gewinnen. Das Auftreten ist selbstbewusst, entschlossen und dominant. Blaue Unternehmen setzen auf Pflichtbewusstsein, Gewissenhaftigkeit und Sorgfalt. Regeln sind unbedingt einzuhalten, Ordnung und Struktur absolut wichtig. Es muss gerecht zugehen. Wenn alle ihre Pflicht erfüllen und sich loyal verhalten, dann funktioniert ein Unternehmen am besten. Orange steht für ziel- und leistungsorientiertes Handeln, standardisierte KPIs, Prozessoptimierung und Effizienz. Das Erfolgscredo dieses Farbtupfers heißt Wertschöpfung. Diese gilt es ambitioniert zu verfolgen. Kooperation, Dialog und Konsens sind Werte, die Grün priorisiert. Hier geht es um ein harmonisches Miteinander, eine wertschätzende Teamkultur, die in den Diskurs geht und den Wettstreit um die besseren Argumente austrägt, die die spezifischen Kompetenzen der Einzelnen würdigt, fair und tolerant agiert. Teamplayer fühlen sich in so einer Atmosphäre maximal wohl. Mit Gelb bricht ein neuer Rang an, der es erstmals schafft, die ganze Farbpalette mit ihren verschiedenen Werten unter einen Hut zu bringen und sie situativ einzusetzen. Multiperspektivisch, offen und flexibel werden Werte wie Eigenverantwortung, Vertrauen und der Mut zu Veränderungen gelebt. Ein Führungsstil, der Menschen in ihre jeweilige Stärke bringt, der coacht und Empowerment lebt, ist ideal. Am Horizont beginnt sich noch sehr schemenhaft die türkise Wertewelt abzuzeichnen, der Nachhaltigkeit, Ganzheitlichkeit und das Wohlergehen aller besonders am Herzen liegt.

Wie Sie schon erahnen, ticken viele Unternehmen derzeit eher orange mit einem Schuss Blau und Grün. Disruption spielt die gelbe Farbkarte. Hier geht es um Innovation und den Mut zum Wandel, der das Neue hervorbringt, ohne das Alte zu verwerfen. Gefragt ist ein Growth Mindset (Carol Dweck), das die Lernfähigkeit aller fördert und den Mut zum Ausprobieren anregt, auch wenn es dabei immer wieder zu Fehlern kommt. Es ist das Leben mit dem Vorläufigen, die Toleranz des Nichtperfekten, der Modus des Always Beta verbunden mit der Haltung, sein Bestes zu geben und dabei zu wachsen. So hat Alvin Toffler sicher recht, wenn er an die Notwendigkeit einer fortwährenden Lernkultur appelliert und sagt: „Die Analphabeten des 21. Jahrhunderts werden jene sein, die nicht lernen, verlernen und neu lernen können."

Gelbe Transformationsintelligenz

Gefragt ist also nicht ein Besser-Wissen, sondern ein Besser-Lernen, um die Herausforderungen der Transformation zu stemmen. Es ist eine Haltung, die mit dem Wachsen aneinander hantiert und angesichts der scheinbaren Alternative, ob das Glas halb leer oder halb voll ist, auf die Idee kommt, einfach nachzuschenken. Gelb, so können wir festhalten, bereitet den Boden für die Transformationsintelligenz, die sich auf Metamorphosen mit augenfälliger Diskontinuität einstellt und damit rechnet, dass die Raupe einen kompletten Gestaltwandel vollzieht, wenn sie zum Schmetterling wird.

Folgt man der Tradition der klassischen Fürstenspiegel, die das Leitbild eines Herrschers – wir können das auf eine Führungskraft anwenden – im Ideal beschreibt und dabei auf hilfreiche Charaktereigenschaften ebenso wie auf moralische Vortrefflichkeit verweist, können wir für Gelb das Bild des Gärtners verwenden. Sein zur Kunstfertigkeit optimiertes Wissen besteht darin, für die verschiedenen Pflanzen den jeweils richtigen Standort auszuwählen, den Boden für sie zu bereiten und sie mit den jeweils nötigen Nährstoffen zu versorgen, damit sie sich bestens entwickeln können. So entstehen eine faszinierend bunte Komposition und ein ausgeklügeltes, gut funktionierendes Zusammenspiel. Eine feine Symbiose, die auf Vernetzung, ein Geben und Nehmen, auf Wachsen und gegenseitiges Befruchten setzt.

Gelb steht in der Organisationsentwicklung für Werte wie Innovation, Flexibilität, Integration, Eigenverantwortung, Wissen, Kompetenz, verteilte Autorität, offene Kollaborationssysteme, in denen die klassische Hierarchie mit ihren vielstufigen Organigrammen durch situative Netzwerkstrukturen und Kreisformen mit einer stark feedbackorientierten Kommunikationskultur abgelöst wird, die sich selbst steuern. Wer beispielsweise im Modus der digitalen Transformation agil arbeiten möchte, braucht ein Mindset, das von diesen gelben Werten geprägt ist.

Um zu Gelb und den damit repräsentierten Werten zu kommen, muss man bereits in Grün, Orange, Blau, Rot, Purpur gewesen sein und diese Farbtupfer in sich aufgenommen haben. Eine oder gleich mehrere Farben zu überspringen, ist nicht möglich. Es geht nur Schritt für Schritt. Stufe für Stufe. Eine Farbe nach der anderen. Nichts geht verloren. Das Alte bleibt, Neues darf dazukommen. Der an sich schon etwas eingefärbte bunte Hund wird sozusagen mit der Zeit immer bunter. Alle Farben sind kostbar und schön.

Farbwechsel

Der Indikator, dass es Zeit wird, die Farbe zu wechseln, ist die Feststellung, dass irgendetwas nicht mehr perfekt passt. Dass der Schuh sozusagen drückt und es Wachstumsschmerzen gibt. Albert Einstein bringt das auf den Punkt, wenn er daran erinnert, dass man

Probleme niemals mit derselben Denkweise lösen kann, durch die sie entstanden sind. Die VUCA-Welt konfrontiert mit komplexen Herausforderungen, die am besten mit gelben und darauffolgend türkisen Werten gelöst werden können. Hier ist Ausprobieren, Prüfen, Verbessern, möglicherweise auch Korrigieren und Revidieren gefragt. Selbstverständlich auch der Mut, wieder ganz neu anzufangen. Mit einem monoton blauen „das haben wir schon immer so gemacht" oder einer orangen Prozessoptimierung, die von stets gleichbleibenden Standards ausgeht, stößt man schnell an Grenzen.

Momentan sind viele Unternehmen auf dem Sprung zu einer neuen Farbe. Von Blau nach Orange, um die erreichte Qualität durch Prozesse zu optimieren und dann das Business zu skalieren. Oder vom orange selbstbewussten Ehrgeiz einzelner Topperformer zur grünen Teamkultur, die mehr und mehr die Kompetenzen aller wertschätzt, auf transparente Kommunikation und Konsens setzt. Egal, welche Farbe als nächste ansteht: Es geht immer um Wandel. Diesen gilt es jeweils passend, „man könnte schon fast sagen artgerecht" zu vollziehen. Von einem bunten Kleid aus Purpur, Rot und ein bisschen Blau auf Gelb zu springen, funktioniert jedoch nicht. Dieses Kleid steht einem nicht. Man ist noch nicht hineingewachsen. Es fehlen die Erfahrungen von Orange und Grün.

Das Farbspektrum zu erweitern, das soll ganz deutlich gesagt werden, heißt nicht, alle bisherigen Farben mit der neuen Farbe zu überpinseln. Buchhaltung funktioniert ganz wunderbar in Blau. Sie muss nicht gelb werden. Es muss lediglich das Verständnis wachsen, dass es viele unterschiedliche Farbkleckse gibt und nicht alle blau sein müssen. Das Bunte zusammenzubringen ist aber gerade die Stärke von Gelb. So kann Kreativität entstehen, die notwendig ist, um sich in den Märkten der VUCA-Zeit überhaupt zu behaupten.

Bunt – global unterwegs

Unternehmen, die viele Standorte haben und international unterwegs sind oder sogar Niederlassungen in mehreren Ländern haben, werden feststellen, dass auch dort die Unternehmenskultur ziemlich bunt ist und unterschiedliche Werte als besonders wichtig erachtet werden.

Indien zum Beispiel fühlt sich in einer purpurnen Team- und einer roten Führungskultur wohl, wobei Einzelne sehr wettbewerbsorientiert orange mit ausgefahrenen Ellbogen unterwegs sein können. Wenn es um Flexibilität und Change geht, haben indische Kollegen damit kein Problem. Wenn das die Vorgabe von oben ist, sind sie ohne jegliche blaue Beharrungstendenzen, und ein „alle fünf Minuten wird eine neue Sau durchs Dorf getrieben"-Murren sofort dabei, auf diesen Kurs umzuschwenken.

Agile Softwareentwicklung, die ein gelbes Mindset mit Selbststeuerung und Eigenverantwortung erfordert, ist hingegen meist schwierig, weil die indische Gesellschaft eher purpurrot hierarchie- und statusorientiert ist und zudem das Prinzip der Seniorität favorisiert. Entsprechend wünscht man sich einen allwissenden Chef, der die Verantwortung trägt und Top-Down anweist, was zu tun ist. Schritt für Schritt sind in so einem Kontext die Werte von Gelb aufzuzeigen und zu kultivieren. Sie per se vorauszusetzen oder zu meinen, sie wären doch selbsterklärend und selbstverständlich, würde sich als Fehler erweisen, der einem Unternehmen teuer zu stehen kommen würde.

Im alltäglichen Miteinander auch und gerade der internationalen Zusammenarbeit ist geduldig Kulturarbeit zu leisten. „Wofür stehen wir?", „Was ist uns wichtig?" „Wo wollen wir hin?" „Welche Werte brauchen wir eigentlich, um dorthin zu kommen, wo wir hinwollen?" Diese Fragen zu stellen und die Antworten darauf zu finden, ist eine zutiefst wertschöpfende Aufgabe des Unternehmers. Kulturarbeit braucht den Impuls von ganz oben, sodass ein kontinuierlicher Prozess entsteht, der die jeweilige Passung schafft.

Zur Erfüllung bringen – Werte leben

Beobachten, analysieren, reflektieren ist der erste Teil der Arbeit an den Werten, sie gemeinsam zu entdecken und ihre Bedeutung zu definieren, sie zu priorisieren und glaubwürdig zu kommunizieren der zweite Teil. Der schwierigste Teil aber ist, sie wirklich überzeugend zu leben.

Wenn ich mir diese unternehmerische Arbeit an den Werten bildlich vorstelle, fällt mir eine Erfahrung aus Südafrika ein. Jeder möchte sich gerne ans wärmende Feuer setzen, um miteinander zu essen und Geschichten zu erzählen. Dabei ist es gar nicht so leicht, Feuer zu machen. Ohne Streichhölzer und Feuerzeug ist es eine richtige Kunst. Dafür braucht es neben Geschick und Können vor allem eine dienende Haltung. Wer Feuer macht, muss sich bücken und auf die Erde knien. So kann er vorsichtig Funken schlagen und im richtigen Moment sanft ins Feuer blasen, damit die Flammen genügend Sauerstoff bekommen. Langsam entsteht ein großes Feuer, das hell ist und wärmt. Feuer anzuzünden war in Südafrika einst ein richtiger, sehr ehrenwerter Beruf. Alle wissen, dass sie von diesem Dienst profitieren.

Übertragen auf unsere Situation bedeutet das: Unternehmer sind diese Feueranzünder. Sie sorgen mit ihrem Tun in Bezug auf die Kultur im Unternehmen dafür, dass das Feuer der Begeisterung brennt und Menschen nicht ausbrennen. „Lichtanzünder" – das ist in der bayerischen Sprache eine passende Jobbezeichnung für die, die Feuer entfachen, indem sie die richtige Kultur schaffen. Sie haben das Gespür für den richtigen Augenblick, an dem es nötig ist, eine neue Farbe ins Spiel zu bringen.

What's next? Neuland betreten und die Utopie wirklich werden lassen

Wenn viele Unternehmen heute die Notwendigkeit spüren, sich weiterzuentwickeln oder sich vielleicht sogar angesichts der Disruption in ihrer Branche neu zu erfinden, dann betreten sie Neuland. Die Farb- bzw. Wertekarte von 9 Levels of Value Systems kann ihnen bei dieser Arbeit an der Unternehmenskultur Kompass sein und die benötigte Orientierung geben. Ähnlich wie bei Raumschiff Enterprise sind sie auf großer Mission unterwegs auf noch unbekanntem Terrain. Was vor ihnen liegt, ist ein U-Topos, das heißt ein unbekannter Ort, an dem noch niemand zuvor war. Alles dort ist ungewiss, unvertraut und herausfordernd.

Gene Roddenberry hat die Vorlage zur bekannten TV-Serie *Raumschiff Enterprise* in den 1960er Jahren verbunden mit einer gesellschaftlichen Utopie als Science-Fiction konzipiert, um literarisch einen Ort zu schaffen, an dem all das gelöst war, was auf der Erde damals ziemlich schwierig war: der Kalte Krieg und der „Rassenkonflikt". Unversöhnlich standen sich die USA und die UdSSR in einem atomaren Wettrüsten gegenüber. Anders an Bord der Enterprise: Dort sitzt Chekov, ein Vertreter des Ostblocks, am Schaltpult. Gingen in Amerika Hunderttausende auf die Straße, um für die gleichen Rechte von Schwarzen zu kämpfen, ist Lieutenant Uhura ganz selbstverständlich in den unendlichen Weiten des Weltraums für die Kommunikation zuständig. Sie, eine schwarze Frau gehört wie Chekov zur Führungscrew. Auf der Enterprise war all das möglich, was auf der Erde noch völlig undenkbar war. Die Utopie ist dort Wirklichkeit geworden.

Dieses Bild steht für die Transformation, die Unternehmer derzeit zu gestalten haben. Auch sie wissen nicht genau, was auf sie wartet und mit welchen Risiken sie konfrontiert werden. Mag es dafür auch kein Drehbuch geben, haben sie doch mit Why, einer Shared Vision und den Werten die Guideline und mit 9 Levels of Value Systems ein sehr wirkungsvolles Werkzeug, um die anstehenden Herausforderungen zu meistern und eine Unternehmenskultur zu schaffen, die den Wandel gut gelingen lässt.

Kapitel 9
Bewusstsein ins Business bringen

Wir stehen vor der Aufgabe, unsere Wirtschaft wieder zu beseelen. Nicht die reinen Zahlen, sondern vor allem Verantwortung für die Mitarbeiter, die Gesellschaft und für die Umwelt sind relevant. Dem eigenen Tun Sinn zu geben, ist ein wichtiger Schritt, der über Reflexion erfolgt. Lassen Sie uns die Arbeitswelt in Grün, Gelb und Türkis erstrahlen – in Farben, die bislang von Orange dominiert wurden.

Das Herzensanliegen erkennen

Was auf den ersten Blick so einfach klingt, ist in Wirklichkeit eine große Herausforderung, nämlich zu ergründen, was mein wirkliches Herzensanliegen ist. Manchmal haben wir zu schnell eine Antwort parat oder lassen uns von Oberflächlichkeit oder einer vermeintlichen Idealvorstellung leiten. Was ist damit gemeint? Viele von uns haben an irgendeinem Punkt in ihrem Leben eine Vorstellung von sich kreiert, von der sie annehmen, sie spiegele ihr Inneres wider. Doch sie übersehen dabei, dass dies oftmals ein Gebilde aus Erwartungen ist, die von außen an sie herangetragen wurden: materielles Ansehen, das Fortfahren einer Familientradition, um nur exemplarische Möglichkeiten aufzuzählen. Sie leben in einer orangen Welt, in der Egoismus und das eigene Karrierestreben positiv konnotiert sind, aber fast immer am eigenen Bedürfnis vorbeigehen. Wagen sich die Befragten mehr in die Tiefe, sind sie ehrlich gegenüber sich selbst, stoßen sie oft auf den eigentlichen Kern. Manchmal hilft bei der Suche nach dem wahren Herzensanliegen die Frage: „Wovon hast du als Kind geträumt?" Lassen Sie

Ihr inneres Kind hervortreten, dieses Kind, dessen Wünsche und Bedürfnisse meist allzu oft als kindisch abgetan worden sind. Trauen Sie sich, diesem, ihrem inneren Kind genau zuzuhören.

Im beruflichen Kontext gilt es die eigene Berufung, die Berufs-DNA, zu erkennen. „Wo sehe ich mich im beruflich-gesellschaftlichen Kontext?"

Den Verstand mit dem Herzensanliegen synchronisieren

Haben Sie Ihrem inneren Kind genau zugehört? Haben Sie den Mut gefasst, Ihr Herzensanliegen endlich laut auszusprechen? Dann ist es an der Zeit, dieses mit Ihrem Verstand zu synchronisieren. Verstehen Sie mich nicht falsch, es geht nicht darum, das zu tun, was Sie in der Vergangenheit schon davon abgehalten hat, Ihren Herzensweg zu beschreiten. Es geht auch nicht darum, Argumente zu finden, die Ihnen Ihr Herzensprojekt ausreden – ganz im Gegenteil: Es geht nun darum, auch auf rationaler Ebene Argumente und Möglichkeiten zu finden, wie Sie Ihre Herzensangelegenheit realisieren können. Es geht jetzt darum, Lösungen zu finden.

Ab hier gilt es, betriebswirtschaftlich denken zu lernen und diese Ratio mit der Herzenssache zu verschmelzen. Im folgenden Portfolio können wir unsere Kernkompetenzen und Herzensanliegen mit den möglichen Umsetzungs- und Wachstumsstrategien verbinden:

Unser eigentliches Ziel ist es zu erkennen, weshalb wir hier auf der Erde sind und was wir in dieser Zeit lernen wollen. Auf diesem Weg darf es uns richtig gut gehen und dazu können und dürfen wir auch den wirtschaftlichen Erfolg erreichen. Jedem nach dem, was er leisten kann und erreichen mag. Indem wir unsere innere Sehnsucht symbiotisch mit dem Business verbinden und den ökonomischen Erfolg zum Geschäftszweck machen, können wir es schaffen, die Ebenen zu wechseln. Zwischen dem, was soll, und dem, was ist, zu verbinden.

Im Prozess und seiner Realisierung können Störfaktoren auftreten, die es – vorab und an entsprechender Stelle – zu berücksichtigen gilt. Welche Ängste habe ich? Wie gehe ich damit um? Wie wirken sich diese auf mein Fühlen, Denken und Wirken aus? Welchen Einfluss haben sie auf mein Vertrauen – in mich und in andere? Hilfreich ist, in der Auseinandersetzung mit diesen Fragestellungen und Aspekten, die auf dem Weg der Umsetzung auftreten, einen ruhigen Ort aufzusuchen und sich in eine angenehme Ruhe zu versetzen – das ist zum Beispiel über bewusstes Atmen möglich, was uns in eine tiefe Entspannung zu führen vermag.

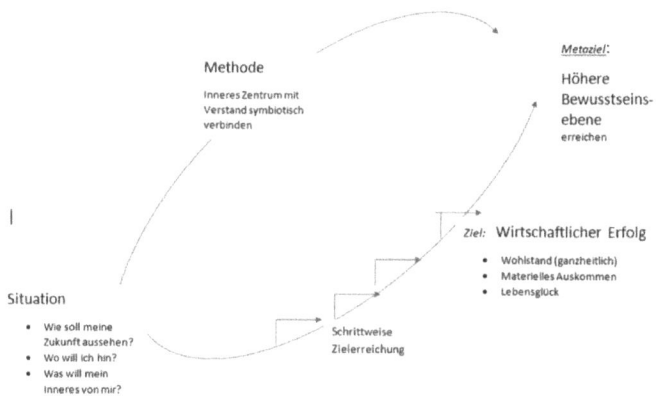

Hilfreich kann auch sein, in die Reflexion eine vertraute Person oder ein entsprechendes Team einzubinden oder ein Gespräch mit einer Person zu führen, die Sie gar nicht besonders gut kennt und dadurch einen neutralen Blick von außen einnehmen kann. Entscheidend ist, dass sie empathisch und in der Lage ist, die richtigen Fragen zu stellen. Auch die in der Traumabehandlung verwendete Methode der inneren Helfer kann den Prozess voranbringen. Unter den inneren Helfern versteht man imaginierte Figuren, die jeweils für eine Rolle oder Tugend stehen, die Teil des tiefsten Wesens einer Person ist. Wichtig ist, dass Sie sich in diesem Prozess und mit den möglichen Unterstützern wohlfühlen. Das hilft, die Gefühle und

Gedanken zu strukturieren und vom Verstand zum schöpferischen Herzzentrum vorzudringen.

Dabei nehme ich wahr, was ich fühle. Wo spüre ich etwas und wie spüre ich es? Welche Auswirkungen hat dieses Fühlen auf meine Gedanken und mein Handeln? Welcher Gedankenmuster bediene ich mich? Und inwiefern beeinflussen sie meine Stimmungen? Dann kann ich mich auch von außen wahrnehmen. Was und worüber rede ich auf welche Weise? Welche Emotionen stecken dahinter? Wie verhalte ich mich? Stimmt mein Handeln mit dem, was ich gefühlt, gedacht und ausgesprochen habe, überein? Was tue ich und auf welche Art und Weise? Gibt es (auffällige) Inkongruenzen? Woher kommen diese und welche Muster erkenne ich dahinter?

Dieser Prozess kann und sollte auch mehrfach durchlaufen werden. Hilfreich sind dabei immer wieder Gesprächspartner, die von außen beobachten können. Ziel dabei ist es, ein tieferes Verständnis für sich und einen authentischen Zugang zum eigenen inneren schöpferischen Zentrum zu bekommen, was dann ins Bewusstsein geholt und dabei mit der Ratio verbunden wird.

Die eigene Strategie entwickeln

Ziel der meisten Menschen ist materieller, finanzieller Erfolg. Wer den bisher beschriebenen, orange-roten Weg geht, wird ihn finden, aber nicht mehr auf Kosten des eigenen Seelenheils oder zuungunsten anderer Menschen, die auf diesem Weg benutzt werden. Um ein tieferes Verständnis für die bisher beschriebenen Aspekte zu schaffen, die es im Weiteren noch genauer anzuschauen gilt, ist ein kurzer Exkurs zur sogenannten fraktalen Geometrie sinnvoll. Die fraktale Geometrie wird als Bauplan für alles Bestehende angesehen. Diese Formel steckt im Aufbau des Universums, der Pflanzen, allen Lebens und des Wachstums. So gesehen ist die fraktale Geometrie also eine Urformel, auf deren Grundlage unsere gesamte Welt, unser ganzes Universum basiert.

Der englische Astronom und Physiker Arthur Stanley Edding-
ton hat einmal gesagt, dass „das Universum vollständig aus Ma-
thematik" gemacht sei. Doch obwohl Physiker so viele bahnbrechende Entdeckungen hervorgebracht haben, wissen wir immer
noch nicht, warum es keine feste Materie gibt. Zwar gibt es, wie
Physiker sagen, kleine Türme von Wellen, an denen wir ein paar
Nebeneffekte wahrnehmen können, aber eigentlich geht es uns immer noch wie Goethes Faust, der wissen will, „was die Welt im
Innersten zusammenhält". Den innersten Kern der Welt können
wir trotz der permanenten Verbesserung unserer Wahrnehmungs-
fähigkeit immer noch nicht erkennen. Wann immer wir glauben,
die endgültige Essenz der Realität ausgemacht zu haben, lacht uns
die Realität aus. Das Einzige, was wir inzwischen durch die moderne Physik erkannt haben, ist die Tatsache, dass der Geist der Natur
darin besteht, uns widerzuspiegeln. Es muss also einen Raum geben, in dem unser forscherisches Verhalten stattfindet, obwohl wir
diesen Raum nicht sehen. Wiewohl wir diesen Raum nicht sehen,
wirkt dieser auf uns ein. Egal, was wir als Entdecker und Erkennen-
de tun, es ist immer das Erkennen selbst, das alles zusammenhält.
Die Suche nach der Realität und auch die jahrhundertelange Suche
nach der festen Materie lassen uns heute ahnen, dass der Code, der
unser Leben programmiert, der Code der Selbstbeobachtung ist.
Es stellt sich aus dieser Sicht oder auch Feststellung die Frage: Wie
können wir unsere Bedürfnisse befriedigen? Und mit Bedürfnissen
ist hier das gemeint, was uns ausmacht: unsere Natur, unsere Seele;
das Wissen darum, dass es trotz aller Bestrebungen nicht gelungen
ist, zu ergründen, was diese unsere Welt im Innersten zusammenhält. Darum kann nur ein Fazit daraus gezogen werden: Es gibt
etwas, das unergründlich bleibt und dem wir dennoch vertrauen
dürfen. Etwas, das jenseits der materiellen Kraft entwickelt wird
und uns auch mit Kraft versorgt. Ist es Gott? Und wenn ja, was will
er oder diese Kraftquelle uns sagen? Wer auch immer den Menschen erschaffen hat, hat ihn mit der Fähigkeit ausgestattet, Dinge
zu hinterfragen. Er hat ihn mit einem freien Willen versehen, mit
der Fähigkeit, Gemeinschaften zu bilden, Wirtschaftssysteme und

Staaten zu entwickeln und zu forschen. Diese Fähigkeiten haben – zumindest in der westlichen Welt – zu Wohlstand und Wachstum geführt.

Doch irgendwann ging beim Streben nach permanentem Wachstum der Blick für das Wesentliche, für das, was uns Menschen ausmacht, verloren. Weltweit vagabundierendes Kapital wächst und konzentriert sich auf immer weniger Menschen. Diese Superreichen werden immer reicher. Hinzu kommen Lobbyarbeit der Konzerne und die organisierte Kriminalität mit riesigen Vermögen und wachsendem Einfluss auf Wirtschaft und Finanzsysteme.

Die Welt ist komplexer geworden und schwerer durchdringbar. Immer mehr Menschen bleiben dabei regelrecht auf der Strecke. Das System lässt sie fallen oder sie steigen aus. Letztere verweigern sich dem Zynismus eines wirtschaftlichen Systems, das ausschließlich Wachstum und Profitgier im Blick hat und ein zentrales Bedürfnis der Menschen aus dem Auge verliert: das Gefühl, etwas Sinnvolles zu leisten, das Gefühl, wertvoll zu sein – nicht nur als Humankapital für Firmenlenker, die heute Schokoriegel und morgen Autos verkaufen, sondern als Individuum, das eine sinnvolle Tätigkeit zu einem höheren Nutzen ausüben will – hier sind wir in einer türkisen Farbwelt, die eine spirituelle Dimension hat. Der Mensch sucht das Glück. Wer den Schritt geschafft hat, selbstbestimmt auszusteigen, ist in der Regel glücklicher, auch wenn die Sicherheit des Gewohnten oder der festen Anstellung mit regelmäßigen Überweisungen auf das Konto nun der Vergangenheit angehört.

„Ich war gefangen in meinem Job. Nach außen sah alles perfekt aus: hohes Gehalt, unbefristete Anstellung, renommiertes Unternehmen", so eine ehemalige Managerin aus der Chemieindustrie. „Doch hinter der Fassade herrschte Willkür. Die Vorgesetzten, die bei der Einstellung die Besten der Besten haben wollten, reduzierten uns nun auf reine Befehlsempfänger. Eigenständiges Denken, eine offene Diskussions- und Fehlerkultur – Fehlanzeige. Man hatte das Gefühl, eine Inventarnummer zu tragen wie ein Bürostuhl. Die Expertise, deretwegen man eingestellt war, wurde nicht mehr

abgerufen. Versuchte man, sie selbst einzubringen, wurde man ge-
maßregelt. Es herrschte ein Gefühl der Angst. Bloß keine Fehler
machen, bloß nicht anecken, um nicht den sicheren Posten aufs
Spiel zu setzen. Es brauchte Jahre, bis ich begriffen habe, dass die
Angst vor dem Verlust der ökonomischen Sicherheit mich meines
wertvollsten Schatzes beraubt hatte: meiner Selbstsicherheit – die
unabdingbar für meinen Job war, für meine Kreativität, die meine Triebfeder ist für alles, was ich tue. Irgendwann zog ich die
Reißleine. Ausschlaggebend war ein zufälliges Gespräch mit einer
Outplacementberaterin. Sie fragte nach Motivatoren und Demoti-
vatoren im Job. Die Motivatoren sollten dann gewichtet werden.
Als die beiden wichtigsten Motivatoren – konzeptionelle Arbeit
und Wertschätzung – identifiziert waren, kam die Gretchenfrage:
Wenn nur eines davon möglich wäre, was würde man wählen? Ich
sagte ganz spontan Konzeption und wurde sofort unterbrochen:
‚Sind Sie sicher? Denken Sie noch mal nach.‘ Ich dachte nach, und
mir wurde klar, dass das, was ich genannt hatte, zu meinem täglichen Geschäft gehörte. Und dennoch war ich nicht glücklich. Was
fehlte, war die Wertschätzung.“

All das, was wir bisher erfahren haben, macht deutlich: Wir
benötigen heute eine andere Form des Miteinanders – auch beziehungsweise besonders in der Unternehmensführung: eine radikale
Umgestaltung der Herzen, wie es bereits Erich Fromm formulierte.
Menschen, die sich einander unvoreingenommen begegnen und
das Zusammenleben und -wirken gestalten. Die Zeiten, in denen
von oben nach unten angeordnet wurde, in denen einer allein –
ohne weitere Erklärungen – den Takt vorgab, sind vorbei. Moderne Unternehmenskultur muss dialogisch sein, geprägt vom aktiven Zuhören, vom Nachfragen – unsere Arbeitswelt würde hier in
strahlendem Grün leuchten. Erst dann kann in dieser Prozesshaf-
tigkeit diese Unternehmenskultur in klare Anweisungen münden.
Hier kommen die gelben Elemente ins Spiel, die von großer Offenheit und dem Bewusstsein von der Notwendigkeit des Wandels
geprägt sind. Eine konsistente und wertschätzende Kommunikation hilft, auch in schwierigen Zeiten den Zugang zur Belegschaft

zu erhalten. Ein positives Beispiel für eine wertschätzende Unternehmens- und Führungskultur und die Farbwelt Türkis finden wir in der Chefin des Grandhotels Europäischer Hof in Heidelberg. Dr. Caroline von Kretschmann führt den Familienbetrieb nach der Devise: Nicht der Kunde, sondern der Mitarbeiter ist König. Denn wenn sich Mitarbeiter gut behandelt fühlen, behandeln sie auch die Gäste wie Könige. Trotz der Pandemie konnte das Unternehmen auch im Lockdown alle Mitarbeiter halten. Auf ihrer LinkedIn-Seite postet die Hotelchefin immer wieder Bilder ihrer Mitarbeiter und stellt sie im Text vor und ihre Leistungen heraus, für die sie sich stets bedankt. Diese ebenso ehrliche wie öffentliche Anerkennung trägt dazu bei, dass das Personal sich gesehen und wohl fühlt. Die positive Stimmung vermittelt sich sofort, wenn man das Hotel betritt. Das alles hat dazu beigetragen, dass Dr. Caroline von Kretschmann zum Hotelier des Jahres 2022 gekürt wurde.[1]

Das sind übrigens alles auch Themenbereiche, die verstärkt in das Bildungssystem Eingang finden müssen. Hier bedarf es einer pragmatischen Umsetzung, durch die richtigen Persönlichkeiten angeleitet, die mit echter Herzensbildung – oder, wem das zu pathetisch kling: Einfühlungsvermögen – ausgestattet sind und auf dieser Basis eine neue Wahrnehmung für den Umgang miteinander schärfen. Repräsentiert wird dies durch die Farben Grün, Gelb und Türkis – die Trikolore der Bewusstseinsökonomie.

Erich Fromm sieht in der Liebe die einzig vernünftige und befriedigende Lösung des Problems der menschlichen Existenz. Mit Liebe ist eine bestimmte Haltung verbunden. Sie ist eine Fähigkeit, die man – so Fromm – erlernen und entwickeln muss. Letztlich wird dabei das Getrenntsein zu einer Einheit verschmolzen. Zur reifen Liebe, wie sie Fromm als Grundlage hier versteht, ist ein gewisser Charakter notwendig, der den Narzissmus überwunden hat, auf die eigenen inneren Kräfte vertraut, Fürsorge und Verantwortung für den Nächsten, den anderen übernimmt und Wertschätzung impliziert. Dabei darf und soll sich der andere frei entfalten – wenn er das wünscht. Ein Zwang ist nicht involviert, dieser wäre kontraproduktiv. Hier werden Parallelen aus der Erkenntnis der Glücksforschung deutlich. Nach Freud kann nur diejenige Gesellschaft überleben, die dieses grundlegende Bedürfnis eines jeden menschlichen Wesens berücksichtigt und wertschätzt. Das gilt für das Privatleben genauso wie für die Wirtschaft und Gesellschaft. Wenn wir bedenken, dass Erich Fromm bereits seit über 40 Jahren tot ist, dürfen wir ihn als großen Vordenker und Vorbild erkennen. Wie viel Leid und Negatives wäre der Menschheit wohl erspart geblieben, wenn wir Fromm besser zugehört hätten.

Zu den herausragenden Fähigkeiten künftiger Führungskräfte in Gesellschaft und Wirtschaft muss daher zwingend Herzensbildung gehören. Herzensbildung hat etwas mit Achtsamkeit und Mitgefühl für uns und unser gesamtes Umfeld zu tun. Es ist die tiefe Sehnsucht der Menschen nach wirklicher Heilung, nach endgültigem Heil- beziehungsweise Ganzsein. Herzensbildung steht für den liebevollen Umgang miteinander, bedeutet Nähe und Verbundenheit zu unseren Mitmenschen. Dann fühlen wir uns angenommen, geliebt und eingebunden in das Ganze. Als wahrgenommener Bestandteil können wir uns frei von Druck oder Zwängen entwickeln und unsere Fähigkeiten in den Dienst der Gesellschaft stellen – als aktive Zukunftsgestalter. Unbefangen einander zuhören, den anderen achten und wertschätzen, gemeinsam nach Lösungen suchen – so entsteht ein neues Lebensgefühl, eine neue Lebensqualität. Und im besten Fall eine neue Wirtschaftskultur.

Fazit: Wenn wir unsere Herzensangelegenheit erkannt haben, können wir sie ins Wirken nach außen bringen. Dazu bedarf es der ehrlichen Auseinandersetzung mit uns selbst, um das schöpferische Herzzentrum sprechen zu lassen. Herzensbildung wird dabei zum entscheidenden Faktor, um den Wandel vom gegenwärtigen Zustand in eine dem Menschen entsprechende Zukunftsform zu vollziehen, in der jeder Mensch heil wird und als aktiver Zukunftsgestalter agieren kann.

Fazit aus Kapitel 9

Doch wie kommt man nun von der Theorie in die Praxis? Wer muss mit dieser Transformation beginnen? Die Antwort: Wir alle, jeder und jede Einzelne kann aufhören, auf Grund eines ersten Eindrucks zu urteilen, und stattdessen nachfragen und zuhören. Beginnen Sie im Privaten und tragen Sie diese Haltung in die Unternehmen hinein. Jeder kann damit beginnen, das eigene Handeln zu reflektieren und sich die eigenen Bedürfnisse bewusst zu machen. Es geht darum, herauszufinden, welche Talente wir haben und wie wir diese in den Beruf und in die Gesellschaft einbringen können. Sei es im Unternehmertum, durch eine entsprechende Berufswahl oder durch ein Ehrenamt.

Unternehmer sollten ihre Führungskräfte nach deren Charakter und Empathiefähigkeit aussuchen. Sie müssen mutig genug sein, auch einen Vertrauensvorschuss zu gewähren – die wenigsten Mitarbeiter werden dieses Vertrauen missbrauchen, aber die meisten werden ihrerseits Vertrauen zum Unternehmen aufbauen. Vor allem, wenn Führungskräfte transparent und regelmäßig kommunizieren. Damit machen sie ihr Handeln begreifbar und bringen ihren Mitarbeitern Respekt entgegen, der wie ein Motivator wirken kann.

Ob im Unternehmen oder im Privaten: Sharing is Caring! Es gibt viele Möglichkeiten, Ressourcen zu schonen, indem man etwas teilt. So nutzen immer mehr Menschen, aber auch Firmen Carsharing, statt selbst Autos zu unterhalten. Gegenstände, die nicht täglich gebraucht werden, lassen sich beispielsweise gut teilen. Man schont Umwelt und Geldbeutel, aber stärkt die Gemeinschaft. Das sind erste Schritte, die jeder einleiten kann. Laufen wir los!

Schlusswort

Meine Vision ist grün, gelb und türkis: Ich bin Betriebswirtschaftler durch und durch, mit einem volkswirtschaftlichen Blick auf unsere gesellschaftliche Entwicklung insgesamt. Ich denke und ticke so. Dennoch bin ich auch Philanthrop, habe drei Nahtoderlebnisse hinter mir und weiß, dass es da mehr gibt als das, was wir mit unseren Sinnen wahrnehmen. Meine Vision ist es, die Gesellschaft durch eine wertschätzende und bewusste Art des Wirtschaftens in eine höhere Bewusstseinsebene zu bringen. Ich verfüge über ein hohes Maß an Sozialkompetenz, Empathie und andere Intelligenzformen. Mein Anliegen, eine Bewusstseinsökonomie zu implementieren, kommt tief aus dem Inneren. Diese ins Wirken zu bringen betrachte ich als meine Lebensaufgabe. All die vielen vergangenen Jahre haben mich über einige Umwege und tiefe menschliche Rückschläge in mein Potenzial gebracht. Dass es bei Ihnen schneller und wirkungsvoller geht und wir dadurch ein anderes Miteinander schaffen, ist meine Vision.

Meine Ideale lebe ich heute bereits in meinem Unternehmen. Auf meinem NachfolgerFORUM mit Partnertreffen, im Zusammenbringen von Unternehmern mit Investoren und der Zukunftswerkstatt versuche ich, so viele Entscheidungsträger wie möglich von der Bewusstseinsökonomie zu überzeugen. Die Saat muss aufgehen. Helfen Sie dabei – es wird zu Ihrem Vorteil sein!

Suchen – das ist Ausgehen von alten Beständen und ein Findenwollen von bereits Bekanntem im Neuen. Finden – das ist das völlig Neue! Das Neue auch in der Bewegung. Alle Wege sind offen und was gefunden wird, ist unbekannt. Es ist ein Wagnis, ein heiliges Abenteuer!

Pablo Picasso

Unser Business

- Kauf und Verkauf von Unternehmen
- Peter Hertweck NachfolgerFORUM
  - Board Meetings auf Unternehmerebene
  - Peer2Peer Groups auf Geschäftsleitungsebene
- Zukunftswerkstatt für den Mittelstand

Meinungen zu Peter Hertweck

- Ganzheitliche Betrachtung der Themen und das sehr authentisch – wird daher so auch „erfasst"
- Unglaublich gute Auswahl an Referenten; spannende und diverse Perspektiven auf Politik und Gesellschaft
- Interessanter Austausch, vielseitige Inspirationen und Impulse
- Besonders gut gefallen: die Abwechslung und die verschiedenen Sichtweisen; wichtig, Probleme aus differenzierten Sichtweisen zu erörtern, um eine gute Entscheidung fällen zu können
- Sehr angenehme Atmosphäre und offene Gespräche
- Wertschätzendes Miteinander
- Keine „Massenveranstaltung", sondern Hervorhebung der sehr individuellen „Zuwendung" dem einzelnen Teilnehmer gegenüber; aufgrund der „intimen" Atmosphäre: Vortragende und Podiumsteilnehmer sprechen offener und teilen persönliche Dinge, was den besonderen Charakter des Peter Hertweck FORUMs merklich prägt; hochwertige Impulsgeber

Beispiele für Menschen, die in ihre Berufung gefunden haben: Was hat sie bewegt, wie haben sie ihre Talente/Berufung kennen lernen und ins Wirken bringen können?

Peter Löw

Dort wirken zu können, wo das eigene Interesse liegt, ist immer ein Glücksfall. Nicht jedem ist es vergönnt seiner Neigung in seinem Beruf nachzugehen; doch wenn diese glückliche Fügung einmal eintritt, so ist es meist für alle Beteiligten ein Segen.

Als ich mein Studium abgeschlossen hatte und bei der internationalen Unternehmensberatungsgesellschaft McKinsey & Co. Inc. anfing, hätte ich mich – natürlich nur bildlich gesprochen – zurücklehnen können mit dem befriedigenden Gedanken, es geschafft zu haben. Stattdessen ergriff mich eine Unruhe, mehr noch ein Unwohlsein, das mich zur Überzeugung trieb, dass McKinsey nicht meine terminale Bestimmung, sondern eher nur eine Durchgangsstation zu meinem persönlichen Ziel sein sollte. Die selbstkritische Analyse meiner Lebenssituation ergab zwar, dass die berufliche Herausforderung, die gewonnene Sozialreputation und nicht zuletzt die Remuneration durchaus leistungsadäquat und mehr als zufriedenstellend waren, jedoch die sozialen Zwänge, das Eingebundensein in eine große und hierarchische Organisation und das streng reglementierte Arbeitsethos nicht zu meiner Art zu leben, bzw. zu arbeiten passten.

So verließ ich McKinsey nach 15 Monaten, gab mein „5-Star-Enviroment", die Businessflüge und die Luxushotels auf, um meine erste kleine Firma von meinem Ersparten zu erwerben. Von nun an lebte ich beim Bauern im Jugendzimmer, fuhr mit dem alten und klapprigen Studentenwagen und sparte, wo es ging, aber ich war mein eigener Herr und fühlte mich dabei sauwohl. Und die kleine Firma wuchs und wandelte sich zu einem Champion in der Region. Als ich das Unternehmen nach einem Jahr und mit der ersten Million Gewinn in der Tasche wieder verkaufte, war ich durchaus zufrieden. Ich hatte aus eigener Kraft etwas geschaffen, einen echten Mehrwert, der vom Markt gewürdigt wurde. Von nun an wollte ich Firmen kaufen, verbessern und wieder in gute Hände zurückgeben. Da ich aber nur meinen erwirtschafteten Gewinn als Investmentsumme hatte, konnte ich mir auch nur Unternehmen leisten, die wenig oder gar nichts kosteten. Und das waren in der Regel die Underperformer, also Unternehmen, die nicht profitabel und häufig bereits in ihrer Existenz bedroht waren, manchmal sogar schon kurz vor der Insolvenz standen. Diese Betriebe zu erwerben, sie vor dem Untergang zu retten, ihnen eine neue Ausrichtung zu geben und sie in die Liga der erfolgreichen Unternehmen zurückzuführen wurde meine Berufung. Hunderte Unternehmen habe ich so erworben und mit meinem eigenen Team restrukturiert. Viele habe ich an die Börse führen können und in den S-Dax, M-Dax oder TEK-Dax begleitet. Auch alle anderen haben heute eine gesicherte Zukunft meist in einem der großen internationalen Konzerne. Ich habe zahlreiche Industrien kennengelernt, die kulturellen Unterschiede in den Ländern und Regionen der Welt erleben, viele Menschen und ihre Notlagen, aber auch ihre Freuden kennenlernen dürfen und fast immer eine Win-win-Situation für alle Beteiligten erfahren: für die Alteigentümer, die an ihrer underperforming Tochter fast verzweifelt waren, für die Lieferanten und Dienstleister, die wieder einen verlässlichen Vertragspartner hatten, für die Käufer der sanierten Gesellschaft, für die die neue Firma eine strategische Bereicherung war, für die Mitarbeiter, die endlich wieder einen sicheren Arbeitsplatz hatten, für die öffentliche Hand, die keine Arbeitslosen- und Abwicklungsgelder zahlen musste, und für mein Team, das letztlich einen hohen Kaufpreis als wirtschaftliches Zeichen seines erfolgreichen Engagements erzielen konnte. Eigenverantwortlich kranken Firmen wieder auf die Beine zu helfen und damit viel Geld zu verdienen, das wurde meine Berufung – bis heute.

Mit dem vor einigen Jahren gegründeten European Heritage Project habe ich die gesammelten Erfahrungen aus der Restrukturierung auf einen gänzlich anderen Bereich übertragen können. Jetzt rettet meine Initiative auch zahlreiche dem Verfall geweihte Kulturdenkmäler, Burgen, Schlösser, Klöster etc. vor dem drohenden Untergang, um sie als nachhaltige Zeugen der kulturellen Entwicklung in Europa für die Nachwelt zu bewahren, einer Entwicklung, die die Grundlage für unser heutiges Zusammenleben darstellt. Auch das kann Berufung sein.

Peter Löw ist promovierter Historiker und Jurist, INSEAD-MBA, außerdem Honorarprofessor an der päpstlichen Hochschule Benedikt XVI. in Heiligenkreuz.

Nach einer Tätigkeit als Consultant bei McKinsey hat Löw als Pionier den Bereich Restrukturierung entwickelt und mehr als 300 Unternehmen erworben, erfolgreich saniert und an strategische Investoren verkauft bzw. an der Börse platziert. Löw betreibt seit einigen Jahren das European Heritage Project, das gefährdete Kulturdenkmäler vor, dem Verfall rettet.[1]

Jürgen Schneider

Was ist meine Berufung und wie ich sie fand.

Wenn ich heute als 58-Jähriger auf mein Leben zurückblicke, konnte es für mich gar keine falsche Berufswahl geben, denn es stand schon ganz früh fest, welche Skills mir das Universum in die Wiege gelegt hat. Ich will in den Vertrieb!

Bereits als 10-Jähriger saß ich zu Hause auf meinem Bett und habe dem – nicht existierenden Publikum – wortreich und detailliert die Vorzüge meines Matratzenschoners angepriesen. Verkauft habe ich nichts, kritische Nachfragen oder Reklamationen gab es auch nicht, und ich fühlte mich toll dabei!

Vor dem IFA-Markt bei uns gegenüber begann ein Obsthändler bald danach immer samstags an seinem mitgebrachten Stand Obst und Gemüse zu verkaufen, und natürlich half ich ganz oft dabei. Meine erste erfolgreiche Jobakquise!

Das Ablesen der analogen Zeigerwaage mit den aufgedruckten Preisskalen verstand ich zwar nicht, aber die Ware brachte ich immer mit Freude unter die Leute und wir mussten fortan samstags kein Obst und Gemüse mehr kaufen, da ich tütenweise belohnt wurde.

Später kam natürlich die kaufmännische Ausbildung hinzu, zunächst im Angestelltenverhältnis, auch mal in der Verwaltung, was mich aber unglücklich machte. Richtig PS auf die Straße bekam ich dann im ersten Außendienstjob für Computer-Endlospapier, und anschließend erfüllte ich mir den lang ersehnten Wunsch nach der Selbständigkeit.

Eines habe ich dabei gelernt: Regel Nr. 1: Erfolg ist das, was erfolgt, wenn man seiner Bestimmung folgt, und es ist unmöglich, dabei nicht erfolgreich zu sein. Und ab dem Tag, an dem du Freude und Erfüllung bei deiner Arbeit empfindest, musst du nie mehr arbeiten gehen!

Meine Frau und ich sind seit 15 Jahren große Fans der Energiewende, leben bilanziell neutral, produzieren also die Menge an Energie, die wir brauchen, selbst. Den Weg zu finden, so schnell wie möglich aus fossilen Abhängigkeiten rauszukommen, stand schon immer auf unserer Agenda, und dass ich mal die Möglichkeit bekomme sollte, eine Technologie mit zu entwickeln, die die Heizungsbranche auf den Kopf stellt, habe ich in meine kühnsten Träumen nicht geglaubt.

Regel Nr. 2: Alle wichtigen Begegnungen und Weggabelungen im Leben sind niemals geplant! Also hör auf zu planen, es kommt sowieso anders, als du denkst.

Als unsere Ölheizung vor 15 Jahren kaputtging, war mir klar, dass ich nicht mehr mit fossilen Energien heizen werde. So kam ich zum ersten Mal mit Infrarotheizungen als Wandplatten in Kontakt. Und da die wichtigsten Dinge ja ungeplant passieren, lernte ich bei einem Business-Netzwerk meinen mittlerweile langjährigen Geschäftspartner kennen, und wir lernten eine ganz neue Heizungstechnologie kennen.

Denn mit einem nur 0,5 mm dünnen „Gewebe" ganze Häuser unsichtbar und komplett wartungsfrei in Boden, Wand und Decke erwärmen zu können, war vor über zehn Jahren ketzerisch, nicht vorstellbar und entsprechend begegnete man uns mit einer gesunden Mischung aus Misstrauen, Verwunderung, Ablehnung und einer gehörigen Portion Mitleid.

Regel Nr. 3: Die Hummel kann physikalisch gar nicht fliegen, nur sagte ihr das niemand, und sie flog einfach los.

Also stürmten wir beide einfach drauflos und wollten der Welt unsere bahnbrechende Technik zeigen. Die Welt war aber auf uns noch gar nicht vorbereitet. „Mit Strom heizen?" oder „Strom ist zu teuer zum Heizen, das macht keinen Sinn" waren die gängigen Vorbehalte und Einwände. Gedanklich wurden wir noch mit Nachtspeicheröfen und Drahtsystemen in einen Topf geworfen, und da einen Kontrapunkt zu setzen, kostete viel Kraft und Zeit.

Wir wussten, dass wir – bildlich gesprochen – einen Marathon vor uns hatten, dass sich aber kurz vor dem Ziel noch ein weiterer Marathon auftat, sagte uns niemand. Da Aufgeben aber nie zur Debatte stand, bissen wir uns, weiter unbeirrt durch.

Regel Nr. 4: Wenn du kurz vor dem Aufgeben bist, denke daran, warum du es begonnen hast! Oder wie mein Opa zu sagen pflegte: Regel Nr. 5: Durchhalten wird immer belohnt.

Nach über 5000 ausgeführten Projekten von klein bis groß haben wir uns einen Namen gemacht und sind dabei, uns auch in Spanien, Zypern, der Schweiz, Österreich und Holland zu etablieren. Strom ist mittlerweile en vogue, unschlagbar effektiv, schnell und kann vor allen Dingen dezentral – sprich zu Hause – produziert werden.

Alle suchen nach Alternativen zur Wärmepumpe. Wir sind eine. Als Garagen-Start-up haben wir quasi mit dem Dreck unter den Fingernägeln angefangen, die Heizungstechnik zu verändern, haben keinen Fehler ausgelassen, dabei aber immer versucht, sie nicht zu wiederholen. Dadurch können wir ganz entspannt heute schon die Antworten auf die Fragen von morgen und übermorgen geben.

Dabei gilt für uns immer: Wir möchten Dinge einfacher und besser machen. Keep it simple, back to the roots!

Das Ziel ist, unsere Welt jeden Tag ein bisschen besser zu machen und mit einfachster Technik das Bauen wieder bezahlbarer zu machen. Made in Germany ist mehr denn je ein hohes Qualitätsmerkmal und macht uns unabhängig von fernen Lieferanten.

Man braucht es nicht zu romantisieren, es war und ist ein steiniger, aber gangbarer Weg, eine disruptive Technologie auf den Weg zu bringen. Vorausgesetzt, man weiß, wohin man will und wie der Weg beschritten werden kann. Das geht nur mit einem entsprechenden Geschäftspartner, der einen ergänzt, fördert und fordert und den man perfekt ergänzen kann. Und ohne die Liebe und das Vertrauen einer starken Frau und Familie im Hintergrund, wäre manche Situation viel schwerer zu rocken gewesen. Ich habe gelernt, trübe Gedanken nicht mehr festzuhalten, sondern sie wie Wolken weiterziehen zu lassen. Das Schöne daran ist, dass man nicht weiß, welche Gedanken man als Nächstes hat. Leider ein etwas deutsches Phänomen: erst mal diskutieren und überlegen, warum etwas Neues wahrscheinlich nicht funktionieren kann und

warum man erst mal alle Bedenken und möglichen Probleme auf-
listen sollte, um es dann doch zu zerreden.

Das Gegenteil ist der Fall, Regel Nr. 6: Einen Vorteil hat im
Leben, wer anpackt, während andere reden. Wo könnten wir alle
schon sein, wenn die Zeit für Bedenken und Einwände einfach nur
in „Vorwärts-Energie" umgesetzt würde.

Jedenfalls bin ich dankbar für das, was wir erschaffen durften,
für die unzähligen Begleiter, die uns vertraut haben und immer
noch vertrauen. Vor allem auch, dass wir genau jetzt den Zeitpunkt
haben, an dem die Welt offen für Veränderungen ist. Oder wie ich
es meinen Töchtern zu sagen pflege: Habe keine Angst, das Leben,
ist immer auf deiner Seite.[2]

Axel Schönfelder

Wenn Unternehmertum zum Risiko wird.
Wie bist Du aus deiner Krise gekommen?

„Es war sicherlich auch dem Alter geschuldet, dass ich in den jungen Jahren des Selbstständigseins kein wirkliches Verständnis für die notwendigen unternehmerischen Skills hatte, gerade im Umgang mit finanziellen Angelegenheiten. Ich hatte mir alles allein ohne Hilfe aufgebaut.

Ich besaß den größten Inlineskate-Laden Deutschlands, hatte darüber hinaus ein weiteres Sportgeschäft, acht Sonnenstudios und eine Familiensauna auf 15 000 m² mit Restaurantbetrieb.

Ich habe große Summen Geld bewegt, an Kredite war damals sehr einfach zu kommen und ich hatte es mindestens verstanden, den Geldfluss über Jahre so aufrechtzuhalten, dass ich selbst mit einem hohen Kreditvolumen stets in der Lage war, die dann langsam aufkommenden Finanzlöcher zu stopfen. Grundsätzlich liefen die Geschäfte gut, aber ich steckte alles Geld immer wieder in neue Projekte, denn es war eben nicht meins. Die Banken blieben ruhig, es gab ja damals noch Schecks, die ich als letztes Mittel zur Verfügung hatte. Das Mehrkontenmodell verschaffte mir immer kurzfristige Liquidität.

Völlig naiv, ohne Mentor und in der Überzeugung, Learning by Doing und meine Kreativität würden gegen das aufkommende Unheil schon reichen, ging ich langsam unter. Alle Alarmsignale wurden mangels fehlender Selbstreflektion ignoriert, ich war ein Meister der Ausreden und darin, Banken Begründungen zu geben, warum es eben nicht nach Plan lief, und legte gleich einen neuen vor. Es waren eh immer die anderen schuld.

Ein misslungener Verkauf eines der Sonnenstudios brach mir Gott sei Dank endgültig das Genick und ich musste 1994 Insolvenz anmelden. Erst dann wurde mir klar, dass mein gesamtes Lebenskonstrukt auf einem „Selbstbeschiss" aufgebaut war. Alles was ich in der Spiegelung nach außen als „erfolgreicher Axel" besessen hatte, was gegenüber der Gesellschaft mein Selbstwertgefühl gepimpt hatte, war auf einmal weg. Keine geleaster Porsche mehr, keine Penthouse-Wohnung, keine VIP-Partys.

Wirklich wichtig war für mich, dass ich plötzlich nichts mehr hatte. Sämtliche Illusionen, ich würde nur über meine materiellen Werte im Außen gewertschätzt, offenbarten sich mit brachialer Gewalt. Ich habe mich erstaunlicherweise sehr schnell dieser Lebenslüge entledigt, denn wenn du wirklich nichts mehr hast, der Gerichtsvollzieher dich öfter sieht als deine Familie, hast du die Chance, dich endlich einmal selbst zu reflektieren.

Dachte ich noch Wochen vor meiner Insolvenz, ich sei der König und unantastbar, war ich nun der arme Bettler vor den Toren derer, die wirklich erfolgreich als Unternehmer waren und – noch wichtiger –, die wussten, wer sie waren.

Ich stand oft vor dem Spiegel und betrachtete mich immer intensiver, um mich der Maske zu entledigen, die ich mir selbst aufgesetzt hatte. Ich machte mich in dieser selbstzugefügten Niederlage auf den Weg zu mir. Wer war ich wirklich ? Auf der Suche nach mir selbst half mir der Weg in die Spiritualität, eine völlig andere Sichtweise über den Menschen Axel zu entwickeln. Zum ersten Mal spürte ich mich und fühlte auch – was der „Möchtegernunternehmer" Axel nie zustande gebracht hatte.

Ich machte sogar den Reiki-Meister und ich legte Schritt für Schritt den alten Axel ab. Natürlich war die Realität bitter. Vor mir lagen im schlimmsten Fall 30 Jahre der Insolvenz, wenn ich nicht in der Lage war, von meinen übriggebliebenen 600 000 DM Schulden runterzukommen.

Ich blieb der Sportartikelbranche treu, war fest angestellt, hatte mein nichtpfändbares Auskommen und alle Überschüsse steckte ich in die Rückzahlung meiner Schulden. Ich war sehr erfolgreich in dem, was ich tat, und konnte nach ca. 4 Jahren in Verhandlungen mit den Gläubigern treten, Schritt für Schritt einen Schuldenerlass mit einer Einmalzahlung zu erzielen.

Auch motiviert von den Zusagen der damaligen Geschäftsleitung, 35 Prozent an Gesellschaftsanteilen zu erhalten nach meiner Insolvenz, spornten mich natürlich sehr an, schnell schuldenfrei zu werden. Anfang 2008 war abzusehen, dass ich wohl Mitte 2009 mein Ziel erreichen würde. Das wurde auch dem Geschäftsführer und hundertprozentigem Gesellschafter gewahr und von dort an arbeite er nur noch gegen mich. Ich hatte dem Unternehmen durch meine Arbeit ein siebenstelliges Vermögen verschafft und spürte, was das für mich heißen würde.

Im Januar 2009 bat ich um ein Gespräch und darum, mich doch einfach abzufinden mit 250 000 €. Ich sagte zu, dass ich dann auch nicht mehr in diesem Bereich arbeiten und mich ganz meiner Musik widmen würde. Man stimmte zu, ich spürte aber, dass ich wohl betrogen werden würde.

Die Kollektion für 2010 ließ man mich noch fertigstellen (diese war sehr wichtig für die Großkundenaufträge) und dann flog ich von einem auf den anderen Tag aus der Firma. Der Geschäftsführer hatte mich gehasst für meinen Erfolg und das ließ er mich auch in Worten spüren, die ich hier nicht wiedergeben möchte.

Ich stand wieder vor dem Nichts. Diesmal aber nicht wie beim ersten Mal, sondern ich hatte viel gelernt in den vergangenen 15 Jahren seit meiner Insolvenz. Ich wusste, wer ich war, ich kannte meine Stärken, ich kannte aber auch meine Schwächen – aber die wichtigste Erkenntnis war, dass Geld zwei Formen von Energie besitzt. Die eine ist die negative Form, bei der Geld zu Neid, Gier und Machtmissbrauch führen kann, und da war noch die positive Form, bei der Geld eine völlig andere Energie bekommen kann, die ich dann nach meiner sehr schnell getroffenen Entscheidung, mein eigenes Unternehmen zu gründen, leben wollte: Geld war nicht mehr mein Ziel für meine persönlichen Bereicherung, basierend auf materiellen Werten zur Show für die Welt da draußen. Ich wollte teilen.

Zuerst aber musste ich mein Unternehmen wieder von null aufbauen, Geld gab mir niemand, ich hätte es auch nicht angenommen. Denn ich wollte nie wieder Schulden machen! Mein gesamter Aufbau des neuen eigenen Unternehmens musste auf der Erkenntnisessenz meiner Erfahrungen beruhen.

Es funktionierte!

Ich lernte zum richtigen Zeitpunkt die richtigen Menschen kennen, viele Großkunden meiner alten Arbeitsstelle gaben mir

Aufträge, weil sie mich unterstützen wollten. In China gab man mir Zahlungsziele, weil man mir helfen wollte und man mich seit vielen Jahren kannte. Ich hatte Aufträge und nach dem Geldeingang des Kunden bezahlte ich die chinesische Factory.

Innerhalb von zwei Jahren hatte ich so viel Erfolg, dass ich acht weitere Mitarbeiter einstellen konnte, denn meine Schwächen wollte ich unbedingt anderen übergeben, die es konnten.

Schon 2012 kaufte ich aus eigener Liquidität ein Firmengebäude mit Lager. Ich kontrollierte mich stets jeden Tag aufs Neue, hatte einen Cashflowplan, der seinesgleichen sucht. Ich wusste zu jedem Zeitpunkt, trotz aller komplexen Zahlen, wo ich mit meiner Firma, vor allem finanziell, stand.

In den folgenden Jahre wuchs meine Mitarbeiterzahl auf 30, hinzu kamen weitere Firmen. Ich zahlte brav Steuern, hielt alles Kapital in der Holding, investierte ins Wachstum, jedoch auch immer wieder in „Beton", um Vermögen zu schaffen.

Erfolg führt zur Demut. Ohne meine Mitarbeiter bin ich nichts. Ich habe gelernt, nicht mehr vertrauen zu müssen, denn die Steigerung von Vertrauen ist, nicht darüber nachzudenken, ob ich es kann oder nicht. Nur weil ich erfolgreich bin, habe ich nicht das Recht mich zu erhöhen, etwas Besseres zu sein als irgend ein anderer Mensch.

Ich habe ebenso erkannt, dass Zeit kein Faktor von Erfolg ist, und führte zunächst die 35-Stunden-Woche bei vollem Gehalt ein. Ich werde, sobald es mit der neuen Warenwirtschaft läuft, versuchen, auf 30 Stunden zu reduzieren. Natürlich bei vollem Lohn, denn ich möchte meinen Mitarbeitern Lebenszeit schenken.

Wachstum ist endlich und das Streben nach Mehr führt immer ins Verderben, früher oder später. Stattdessen müssen wir uns des eigenen Lebens bewusst werden und welche Werte gerade als Unternehmer wirklich zählen: menschlich bleiben, den anderen respektieren und vor allem wertschätzen.

Meine Unternehmen und gerade meine persönliche Philosophie tragen in der Zukunft meine jungen Mitarbeiter weiter, die ebenso denken wie ich. Dafür bin ich dankbar.[3]

Silvia Ziolkowski

Zwischen beseelt und bekloppt.

Drei entscheidende Ereignisse haben mein Leben und Wirken bisher am stärksten geprägt und mich mehr als einmal die Richtung wechseln lassen.

Die erste Etappe war, als ich mit 20 Jahren meinen Traum verwirklichte, als Au-Pair nach Kalifornien zu gehen. Dies gestaltete sich sehr viel schwieriger als zunächst angenommen. Damals habe ich gelernt, dass ein starker Traum über Hürden tragen kann. Dass viel mehr möglich ist, als wir glauben, und viel weniger passiert, als wir befürchten.

Dieses Ereignis in meinem Leben stärkte mich, auch die zweite große Etappe in Angriff zu nehmen: am Aufbau einer international agierenden IT-Firma mitzuwirken. Schritt für Schritt landete ich dabei ganz oben auf der Karriereleiter, als Gesellschafterin und Vorstand mit tollem Gehalt und allem, was dazu gehörte. Nach 14 Jahren IT merkte ich jedoch, dass ich mir selbst verloren gegangen war. Der Satz „das kann doch nicht alles gewesen sein?" hat mich erwischt.

Es folgte die dritte Etappe auf meinem Zukunftsweg: Ich stieg aus dem Unternehmen aus. Nach zähem Ringen, wie es mit mir weitergehen sollte, suchte ich mir Rat bei einem Coach und beschäftigte mich bewusst mit dem Thema Vision für mich persönlich. Es war unfassbar, nach nur einem Tag war klar, wie es für mich weitergehen kann. Die Kraft eines starken Zukunftsbildes hat mich dabei so fasziniert, dass ich beschloss, sie zum Gegenstand meines eigenen Business zu machen.

Mittlerweile bin ich fast 20 Jahre mit dem Thema unterwegs und hab mich tief mit Zukunftsgestaltung und Visions- und Wertearbeit beschäftigt. Viele Unternehmen und Selbständige durfte ich seitdem dabei begleiten, ihr strahlendes Zukunftsbild zu entwickeln. Aus dieser langjährigen Erfahrung heraus sind zwei Methoden entstanden, die ich in meinen Büchern *Wissen wo's lang geht* und *Bau Dir Deine Zukunft* für jedermann zugänglich gemacht habe. Mir liegt es am Herzen, so viele Menschen wie möglich anzustiften, selbst zum Zukunftsbauer zu werden und eine unbändige Lust auf Zukunft zu entwickeln. Das hat mich dazu gebracht, meine Erfahrungen und Erkenntnisse auch als Rednerin weiterzugeben und den FührungsZirkel Bayern zu gründen.

Ich wünsche mir eine Beseelt- und Beklopptkultur! Ich finde, die Zeit ist längst reif für mehr Mut und Glauben. Wir können mehr schaffen, als wir denken – wenn wir wissen, wieso wir etwas tun, und mit Hingabe und Beharrlichkeit ans Werk gehen. Ich wünsche mir mehr Seele und mehr Courage in der Welt, mehr Verrücktheit und Leidenschaft für die Dinge, die uns wichtig sind. Ich träume davon, dass das ewige Hadern mit dem eigenen Können aufhört und der doppelte Boden der Absicherung fehlen darf. Es macht Spaß, sich Herausforderungen zu stellen. Warum sollten es nicht die eigenen sein? Ich bin tief davon überzeugt, dass viel mehr möglich ist, als wir Menschen normalerweise glauben. Statten wir unser Leben mit etwas Magie und ganz viel Energie aus!

Silvia Ziolkowski ist Zukunftsentwicklerin und gibt ihr Wissen als Unternehmensbegleiterin, Rednerin, Autorin, Coach und Podcasterin weiter. Außerdem engagiert sie sich vielfach im Ehrenamt. Sie begleitet zwei Mentoring-Programme und übernimmt im Herbst 2023 die Präsidentschaft der German Speaker Association.[4]

Anmerkungen

Vorwort

[1] Wertschätzung für jeden Menschen ist uns wichtig, egal welcher Herkunft, Hautfarbe oder Geschlecht. Wann immer wir das generische Maskulinum verwenden, verwenden wir es geschlechtsabstrahierend. Benutzt jemand also das Wort Politiker, sind damit auch Politikerinnen gemeint. Also sind bei uns auch stets alle anderen Geschlechter implizit angesprochen.

Kapitel 1
Unternehmer gestalten die Zukunft

[1] https://mittelrheinland.de/harvard-studie-wer-seine-ziele-schriftlich-formuliert-erreicht-das-zehnfache/.

[2] https://www.youtube.com/watch?v=0Lxs7puqLlA.

Kapitel 2
Was macht uns glücklich? Was brauchen wir dazu?

[1] Maike van den Boom, Wo geht's denn hier zum Glück? Meine Reise durch die 13 glücklichsten Länder der Welt und was wir von ihnen lernen können, Frankfurt am Main 2016, S. 95.

Kapitel 3
Rahmenbedingungen

[1] https://www.malik-management.com/homepage4/.

[2] https://de.statista.com/statistik/daten/studie/353616/umfrage individuelle-schuldenhoehe-in-deutschland/.

[3] https://www.eco.de/presse/in-welchen-jobs-arbeiten-wir-2035/.

[4] https://www.spektrum.de/frage/ gibt-es-heute-wirklich-mehr-psychisch-kranke/1821203.

[5] https://de.statista.com/infografik/18813/
krankschreibungen-wegen-psychischer-erkrankungen-in-deutschland/.

[6] https://www.vatican.va/content/francesco/en/apost_exhortations/
documents/papa-francesco_esortazione-ap_20131124_evangelii-
gaudium.html.

Kapitel 4
Wachstumsmärkte und Wachstumsstrategien

[1] Vgl. Hermann Simon, Hidden Champions des 21. Jahrhunderts. Die
Erfolgsstrategien unbekannter Weltmarktführer, Frankfurt am Main
2007.

[2] Leo A. Nefiodow, Der sechste Kondratieff. Wege zur Produktivität und
Vollbeschäftigung im Zeitalter der Information, Sankt Augustin 1996.

[3] Maike van den Boom, Wo geht's denn hier zum Glück? Meine Reise
durch die 13 glücklichsten Länder der Welt und was wir von ihnen
lernen können, Frankfurt am Main 2016.

[4] Gertrud Höhler, Warum Vertrauen siegt, Berlin 2005.

Kapitel 5
Wohltätigkeit als Wettbewerbsvorteil
und strategische Investition

[1] Michael E. Porter, Wohltätigkeit als Wettbewerbsvorteil, Harvard
Business Manager, März 2003, S. 43 ff.

Kapitel 6
Die Unternehmenskultur entscheidet
über ökonomischen Erfolg

[1] Karl-Martin Dietz, Eigenständig im Sinne des Ganzen. Zur Intention
einer Dialogischen Unternehmenskultur, Heidelberg 2014.

[2] https://goodimpact.eu/gute-ideen/soziale-innovationen/
dr-bronners-schaumparty-mit-impact.

Kapitel 7
Bewusstseinsökonomie

[1] Bruce H. Lipton, Intelligente Zellen. Wie Erfahrungen unsere Gene steuern, Dorfen 2016.

[2] Gesko von Lüpke, Das Universum ist ein einiges lebendiges System. Im Gespräch mit dem Quantenphysiker Hans-Peter Dürr, in: Gesko von Lüpke (Hg.), Politik des Herzens, München 2003, S. 27.

[3] Gregg Braden, Im Einklang mit der göttlichen Matrix. Wie wir mit Allem verbunden sind, Dorfen 2007, S. 100.

[4] Ebd., S. 100 f.

[5] C. Otto Scharmer, Theorie U. Von der Zukunft her fühlen, Heidelberg 2020.

[6] Doc Childre/Howard Martin, The HeartMath Solution, New York 1999.

[7] Bruce H. Lipton/Steve Bhaerman, Spontane Evolution, Dorfen 2011, S. 366 f.

[8] Doc Childre/Howard Martin, The HeartMath Solution, New York 1999.

[9] Bruce H. Lipton/Steve Bhaerman, Spontane Evolution, Dorfen 22011, S. 367 unten.

[10] „The discovery through chance by a theoretically prepared mind of valid findings which were not sought for". In: Robert K. Merton, Social Theory and Social Structure. The Free Press, Glencoe Illinois 1957, S. 12.

Kapitel 8
Veränderung in der Wirtschaft gestalten

[1] Das SCARF-Modell, das 2008 von dem Unternehmensberater David Rock entwickelt wurde, identifiziert fünf Grundbedürfnisse, die erfüllt sein müssen, damit Menschen vertrauensvoll miteinander arbeiten: Status, Certainty, Autonomy, Relatedness und Fairness. Googles Project Aristoteles – hierbei untersuchte das Unternehmen 180 Teams, um das Geheimnis guter Teamarbeit zu lüften – unterstreicht: Es ist vor allem das Gefühl von Zugehörigkeit und Sicherheit in einem Team, das Vertrauen wachsen lässt. Wo man sich sicher fühlt, seine Meinung ohne Angst vor Konsequenzen sagen kann und auch Fehler machen darf, entsteht Kreativität und Neues wird geschaffen. So wird die dringend benötigte Innovation ermöglicht.

2 Joana Breidenbach und Bettina Rollow, New Work needs Inner Work. Ein Handbuch für Unternehmen auf dem Weg zur Selbstorganisation, München 2019.

3 „Unsere Studie zeigt deutlich, dass für die Mitarbeiterinnen und Mitarbeiter von morgen Haltung und Werte im Vordergrund stehen. Sie möchten, dass ihr Arbeitgeber diese vorlebt und ihnen Raum für das eigene Leben, die persönliche Entwicklung, aber auch die Partizipation an der Weiterentwicklung des Unternehmens ermöglicht", resümiert Frederik Fahning, Mitgründer und Managing Director von Zenjob, einer Job-App für Neben- und Studentenjobs, https://www.zenjob.com/wp-content/uploads/210629_PM_Gen-Z-Studie.docx.pdf, zuletzt abgerufen am 15.8.2021.

4 Machen Sie doch ein kleines Experiment und geben Sie Corporate Soul und Corporate Spirit in Ihre Suchmaschine ein. Notieren Sie sich die Trefferzahl. Und dann überlegen Sie, was das Gegenteil davon sein könnte. Weil mir bei diesen beiden Begriffen „die gute Seele des Hauses" einfiel, also jemand, der lange im Unternehmen ist und dafür sorgt, dass alles rundläuft, kam ich auf Burnout, um den Kontrast zu skizzieren. Machen Sie sich den Spaß und schauen Sie, wie viele Treffer dieser Suchbegriff ergibt. Was meinen Sie? Weniger Treffer, etwa gleich viel oder sogar mehr? Was ist Ihr Tipp? Ich hatte eine Vermutung. Dass der Unterschied jedoch so deutlich ausfällt, hat mich überrascht. Vielleicht darf man schlussfolgern, dass das von Gustav Greve diagnostizierte „Organizational Burnout" eine Folge der schlechten Unternehmenskultur ist?

5 Don Edward Beck u. a., Spiral Dynamics in der Praxis. Der Mastercode der Menschheit, Bielefeld 2019. Ders. und Christopher C. Cowan, Spiral Dynamics. Leadership, Werte und Wandel. Eine Landkarte für Business und Gesellschaft im 21. Jahrhundert, Bielefeld 2007. Rainer Krumm, 9 Levels of Value Systems. Ein Entwicklungsmodell für die Persönlichkeitsentfaltung und die Evolution von Organisationen und Kulturen, Mittenaar 2017. Ders., 30 Minuten. Werteorientiertes Führen. In 30 Minuten wissen Sie mehr!, Offenbach 2014.

Kapitel 9
Bewusstsein ins Business bringen

1 https://www.heidelberg.de/hd/HD/Arbeiten+in+Heidelberg/ 30_06_2022+dr_+caroline+von+kretschmann+ist+_ hotelier+des+jahres_.html.

Beispiele für Menschen, die in ihre Berufung gefunden haben: Was hat sie bewegt, wie haben sie ihre Talente/ Berufung kennen lernen und ins Wirken bringen können?

1 Prof. Peter Löw, https://europeanheritageproject.com.

2 Jürgen Schneider, www.lofec-gmbh.de.

3 Axel Schönfelder, https://www.sk8te4u.com/.

4 Silvia Ziolkowski, www.silvia-ziolkowski.de.